机械制图习题集

主　编　安丰金　王宗玲　梁　峰
副主编　陈建中　邱军海　卢寿丽
主　审　焦新伟

北京理工大学出版社
BEIJING INSTITUTE OF TECHNOLOGY PRESS

内容简介

本习题集共包括10章，分别为：制图基本知识和技能、投影基础知识、基本立体的投影、截交线与相贯线、组合体、轴测图、机件的图样方法、标准件与常用件、零件图、装配图。与王宗玲主编的《机械制图》配合使用。

本习题集可作为高职高专机械类、近机类专业的教材使用，也可供相关工程技术人员参考使用。

图书在版编目（CIP）数据

机械制图习题集／安丰金，王宗玲，梁峰主编. —北京：北京理工大学出版社，2018.8

ISBN 978-7-5682-6159-3

Ⅰ. ①机…　Ⅱ. ①安…②王…③梁…　Ⅲ. ①机械制图-高等学校-习题集　Ⅳ. ①TH126-44

中国版本图书馆CIP数据核字（2018）第191030号

出版发行／北京理工大学出版社有限责任公司
社　　址／北京市海淀区中关村南大街5号
邮　　编／100081
电　　话／(010)68914775(总编室)
　　　　　(010)82562903(教材售后服务热线)
　　　　　(010)68948351(其他图书服务热线)
网　　址／http：//www. bitpress. com. cn
经　　销／全国各地新华书店
印　　刷／三河市天利华印刷装订有限公司
开　　本／787毫米×1092毫米　1/16
印　　张／9. 25
字　　数／218千字
版　　次／2018年8月第1版　2018年8月第1次印刷
定　　价／28. 00元

责任编辑／钟　博
文案编辑／钟　博
责任校对／周瑞红
责任印制／李　洋

前　言

本书是王宗玲、安丰金、张世江主编的《机械制图》教材的配套习题集，是根据高职高专机械制图的教学要求，并结合近几年各院校职业技术教育的教学经验及教改实践编写而成的。

本习题集具有以下特点：

1. 在编排顺序和内容上与配套教材相呼应，便于使用。

2. 保留了经典的制图练习题，增强了读图、测绘和徒手绘图内容的训练；编排上由浅入深，由易到难，符合教学规律，有利于培养学生学习兴趣和信心。

3. 基本做到每堂课后均有对应的练习题，使教师讲完基本概念后有题可练，及时消化、巩固课堂所学内容。

4. 重要章节习题数量较多，也有一些相应的难度题以供选择，可满足不同学时、不同专业、不同学生的需要，便于教师因材施教。

5. 本习题集采用了最新的国家标准。

本习题集由东营科技职业学院安丰金、王宗玲，枣庄职业学院梁峰担任主编，菏泽职业学院陈建中、烟台工程职业技术学院邱军海、山东协和学院卢寿丽任副主编，东营科技职业学院焦新伟任本书主审。其中，安丰金编写绪论、第1章、第2章、第7章，王宗玲编写第4章、第8章、第6章，梁峰编写第3章，陈建中编写第5章，邱军海编写第10章，卢寿丽编写第9章。

由于编者水平有限，加之时间仓促，习题集中不当之处甚至错误在所难免，敬请各位专家、学者不吝赐教，恳请读者批评指正。

编　者

目　　录

第 1 章　制图基本知识和技能

1.1　基本制图标准

1. 字体练习。

机械制图标准序号名称件数重量材料备注比例期

制图基本知识看懂零件的三视图根据视图想出零件的形状并标注尺寸

1234567890ϕR　ABCDEFGHIJKLM

班级　　姓名　　学号

技术圆柱锥齿轮蜗杆叶螺栓钉母弹簧垫圈开口销

结构分析箱体盖板轴承瓦挡圈套筒尾架体定位套密封盖单向阀活塞球

a b c d e f g h i j k l m n o p q r s t u v w x y z

班级 姓名 学号

2. 图线练习。

（1）完成图形中左右对称的各种图线。

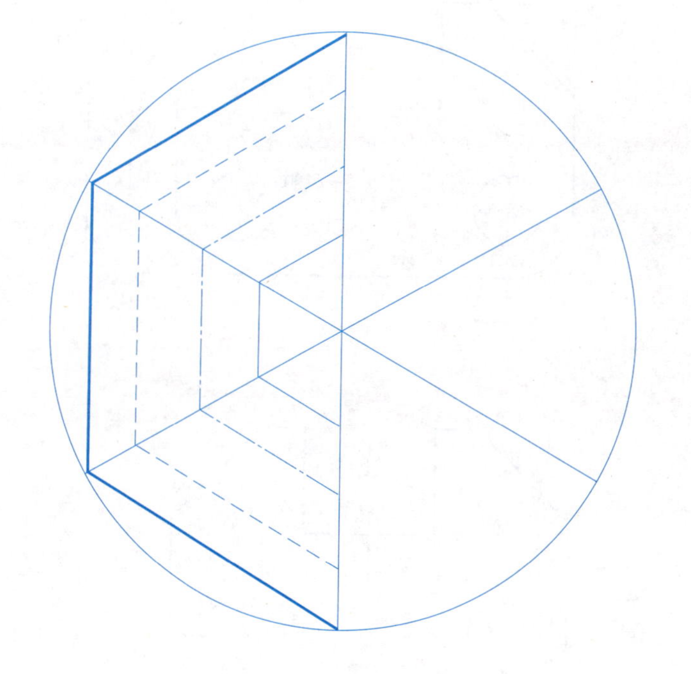

（2）以中心线的交点为圆心，过线上给出的 5 个点，由大到小依次画出粗实线、细虚线、细点画线、粗虚线、细实线的圆。

班级　　　　　　　　　　姓名　　　　　　　　　　学号

1.2 尺寸注法

1. 标注下面图形的尺寸（尺寸数字直接从图中量取整数，比例 1∶2）。

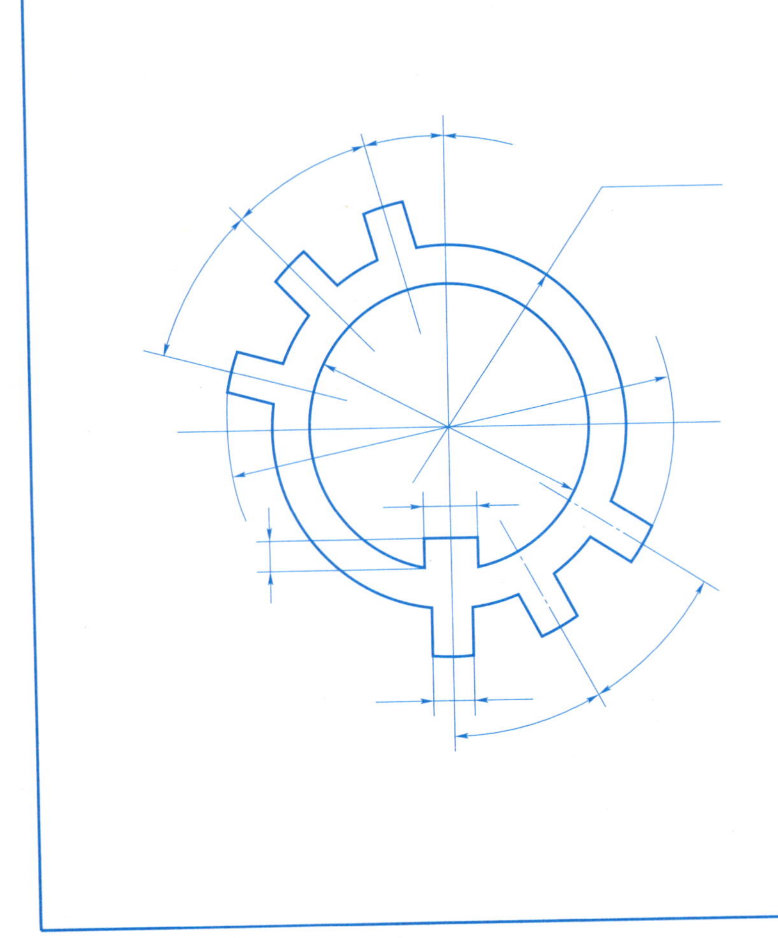

2. 检查图中注法的错误，在下图中正确地标注尺寸。

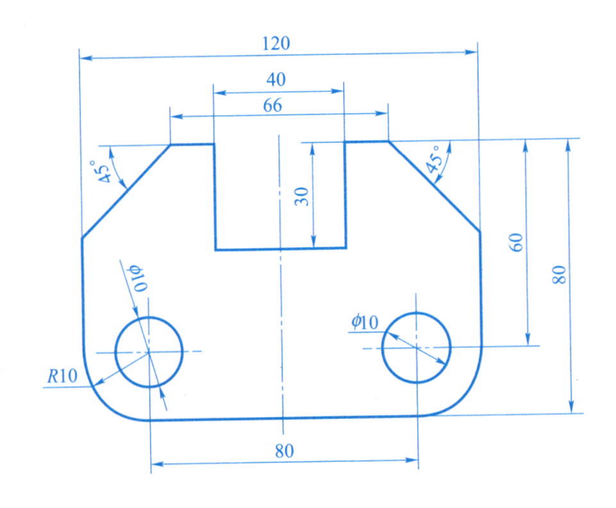

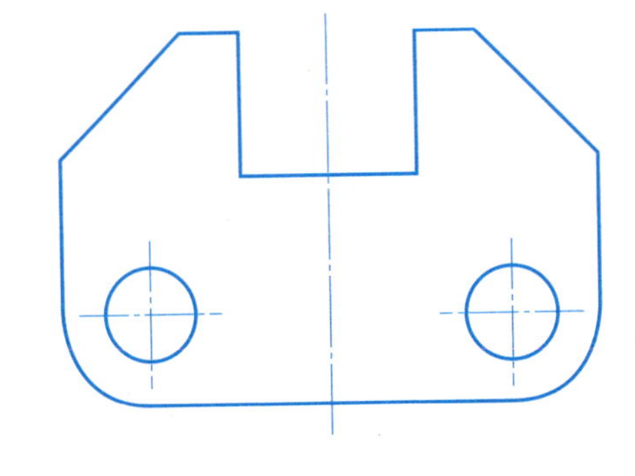

班级　　　　姓名　　　　学号

1.3 几何作图

1. 在空白处抄画平面图形（1∶1 比例）。

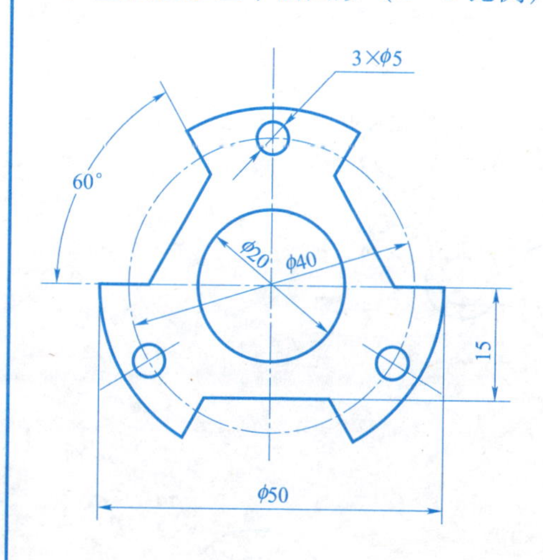

2. 按图中给定的尺寸，按 1∶2 比例抄画图形并标注斜度。

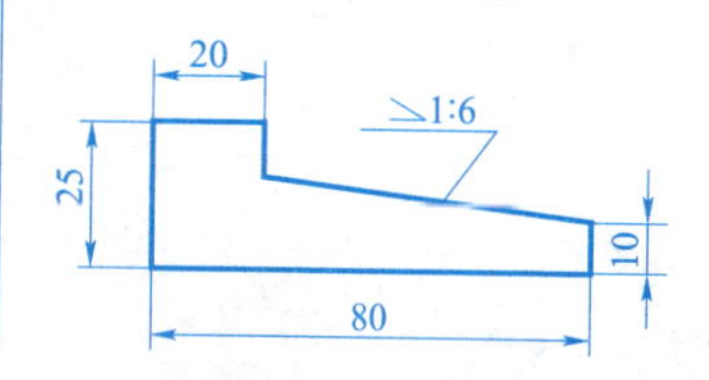

3. 按图中给定的尺寸，按 1∶2 比例抄画图形并标注锥度。

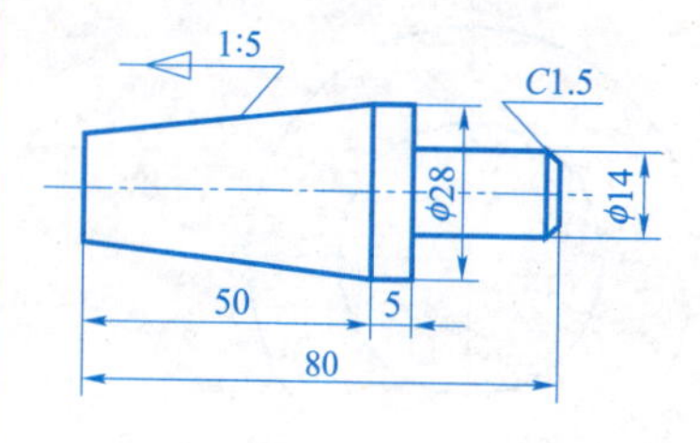

班级　　　　姓名　　　　学号

4. 圆弧连接：按 1∶1 比例完成图形连接，标出连接弧圆心和切点。

(1)

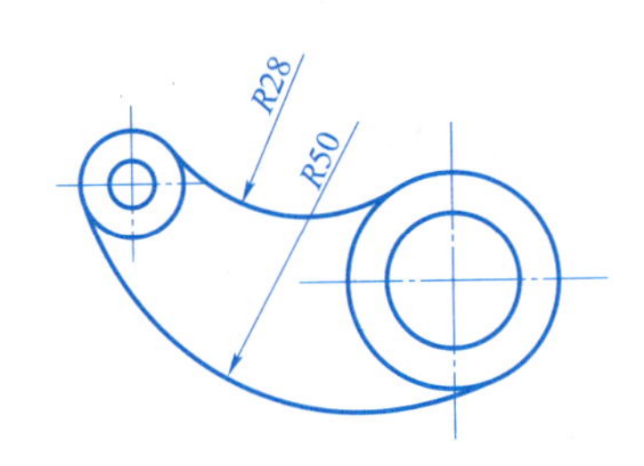

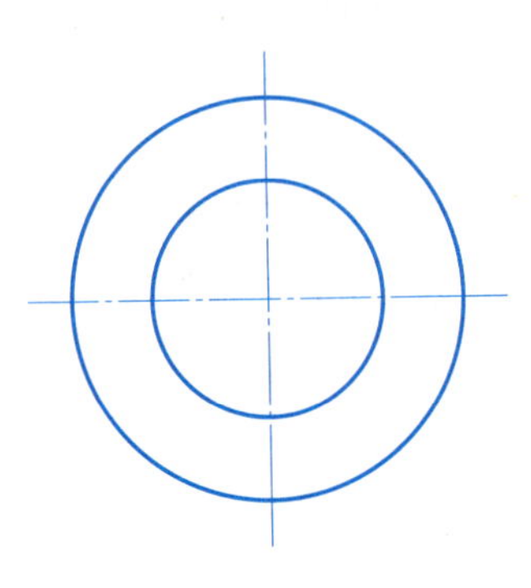

(2)

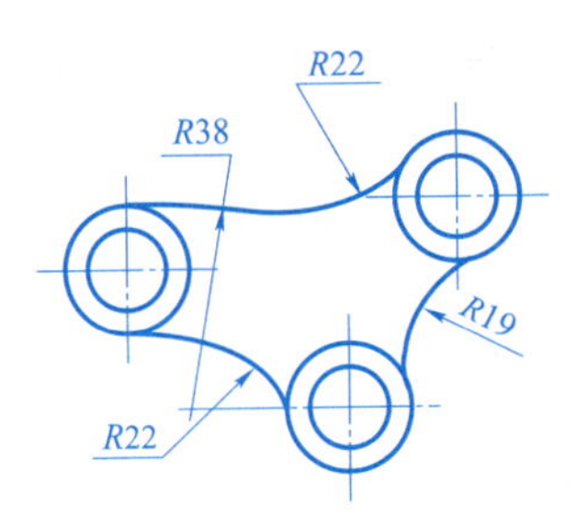

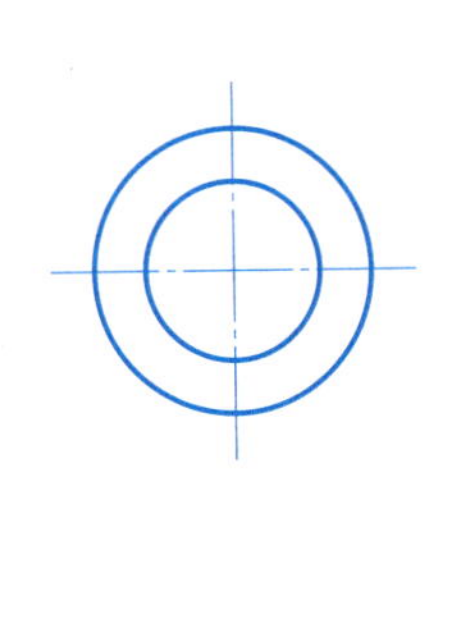

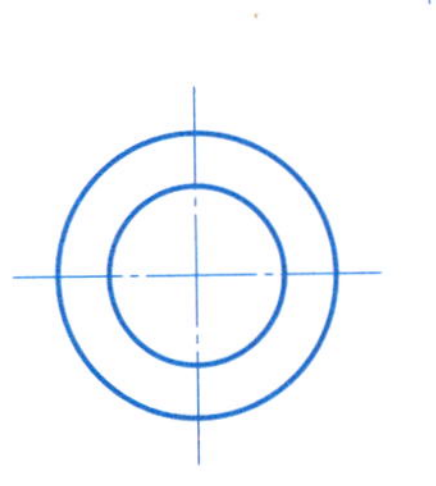

班级　　　　姓名　　　　学号

1.4 平面图形的画法

1. 画平面图形（1∶2 比例）。

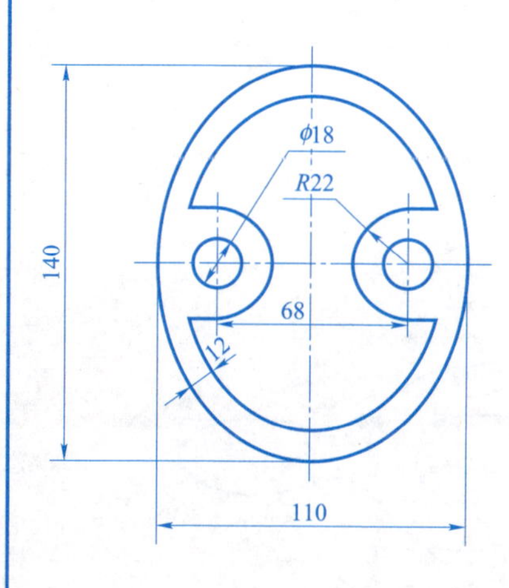

2. 画平面图形（1∶2 比例）。

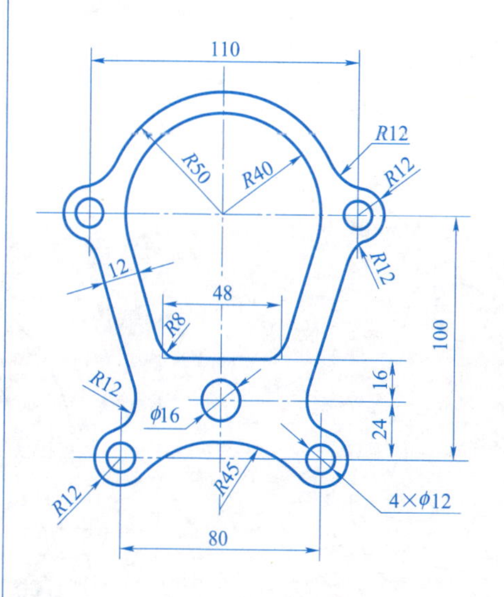

班级　　　　姓名　　　　学号

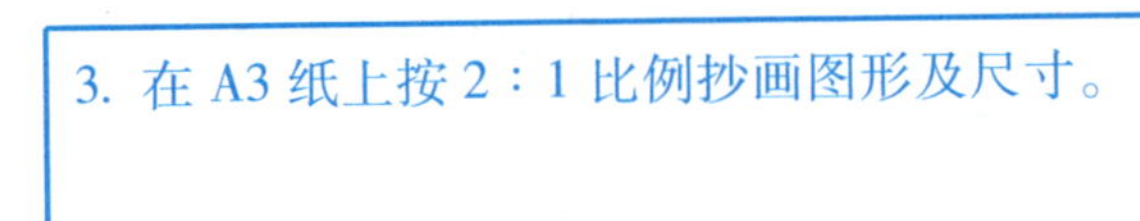

3. 在 A3 纸上按 2：1 比例抄画图形及尺寸。

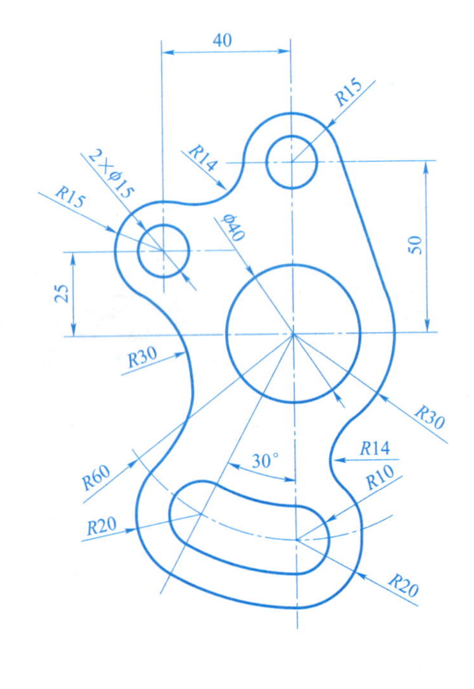

4. 按 1：1 比例把下面图形抄绘在 A3 图纸上。

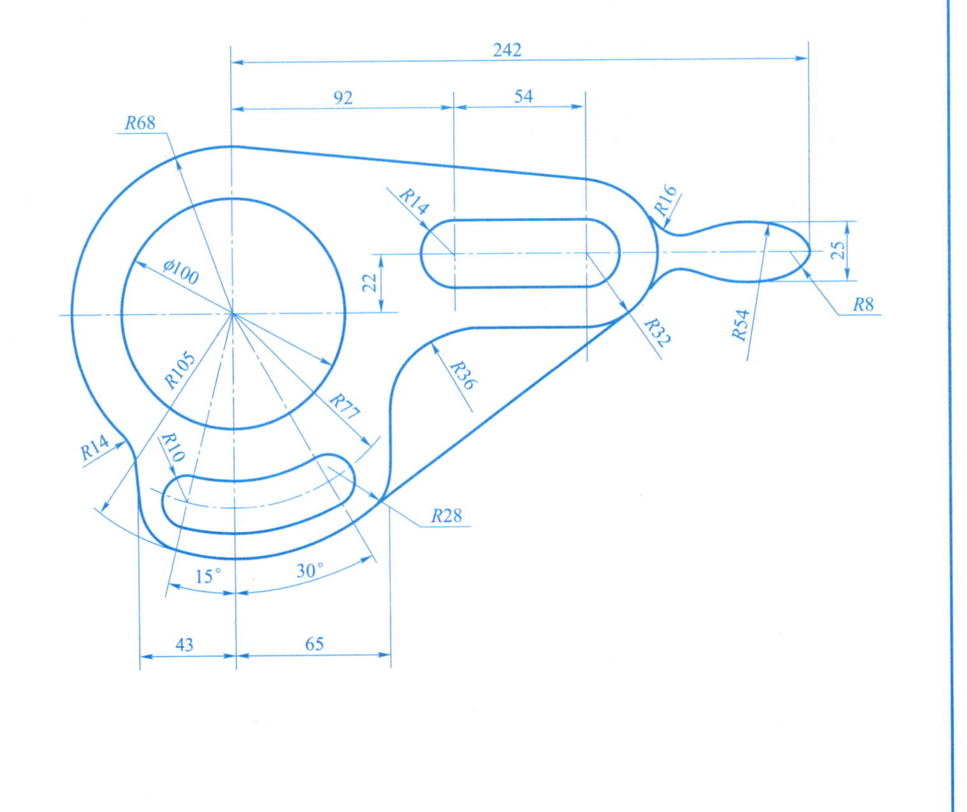

1.5 徒手绘图

徒手画出下列图形。

（1）

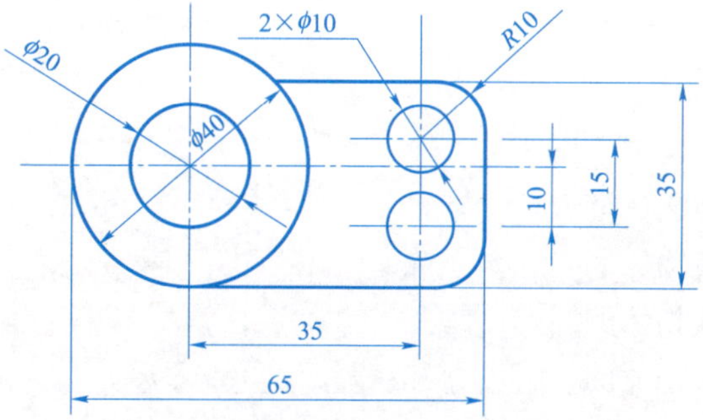

（2）

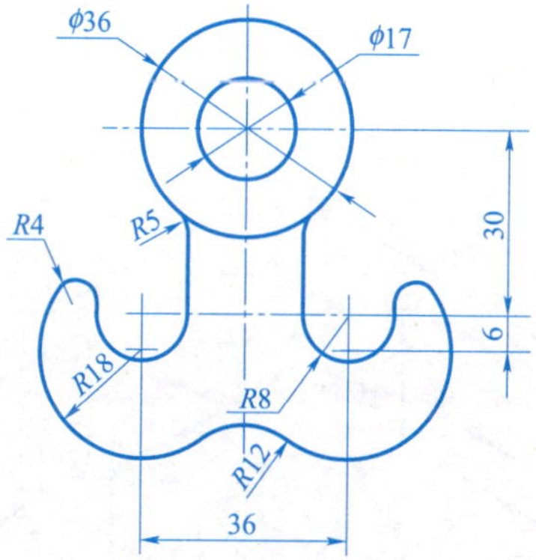

班级 姓名 学号

第 2 章　投影基础知识

2.1　三视图

1. 三视图的形成及关系。

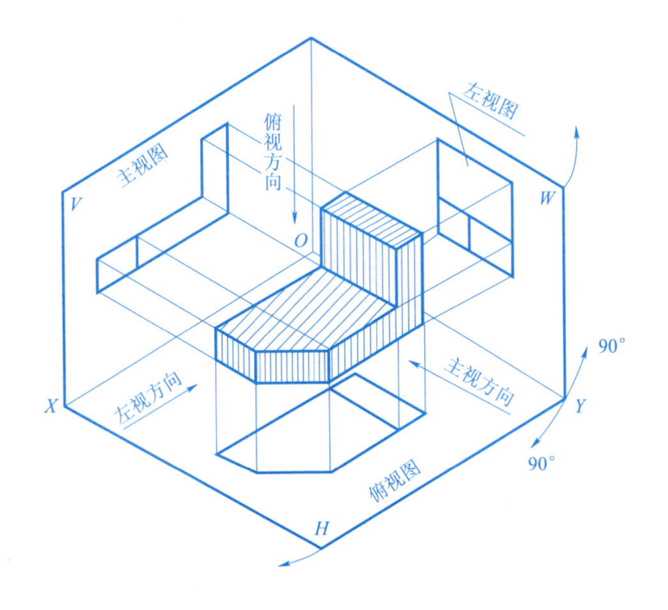

视图所反映物体的方位关系：

主视图反映物体的________和________；

左视图反映物体的________和________；

俯视图反映物体的________和________。

视图间的三等关系：

主视图与俯视图________；

主视图与左视图________；

俯视图与左视图________。

俯视图和左视图远离主视图的一边，表示物体的____面；靠近主视图的一边，表示物体的____面。

投射方向与视图名称：

由________向________投射所得视图，为________视图；

由________向________投射所得视图，为________视图；

由________向________投射所得视图，为________视图。

班级　　　　　　姓名　　　　　　学号

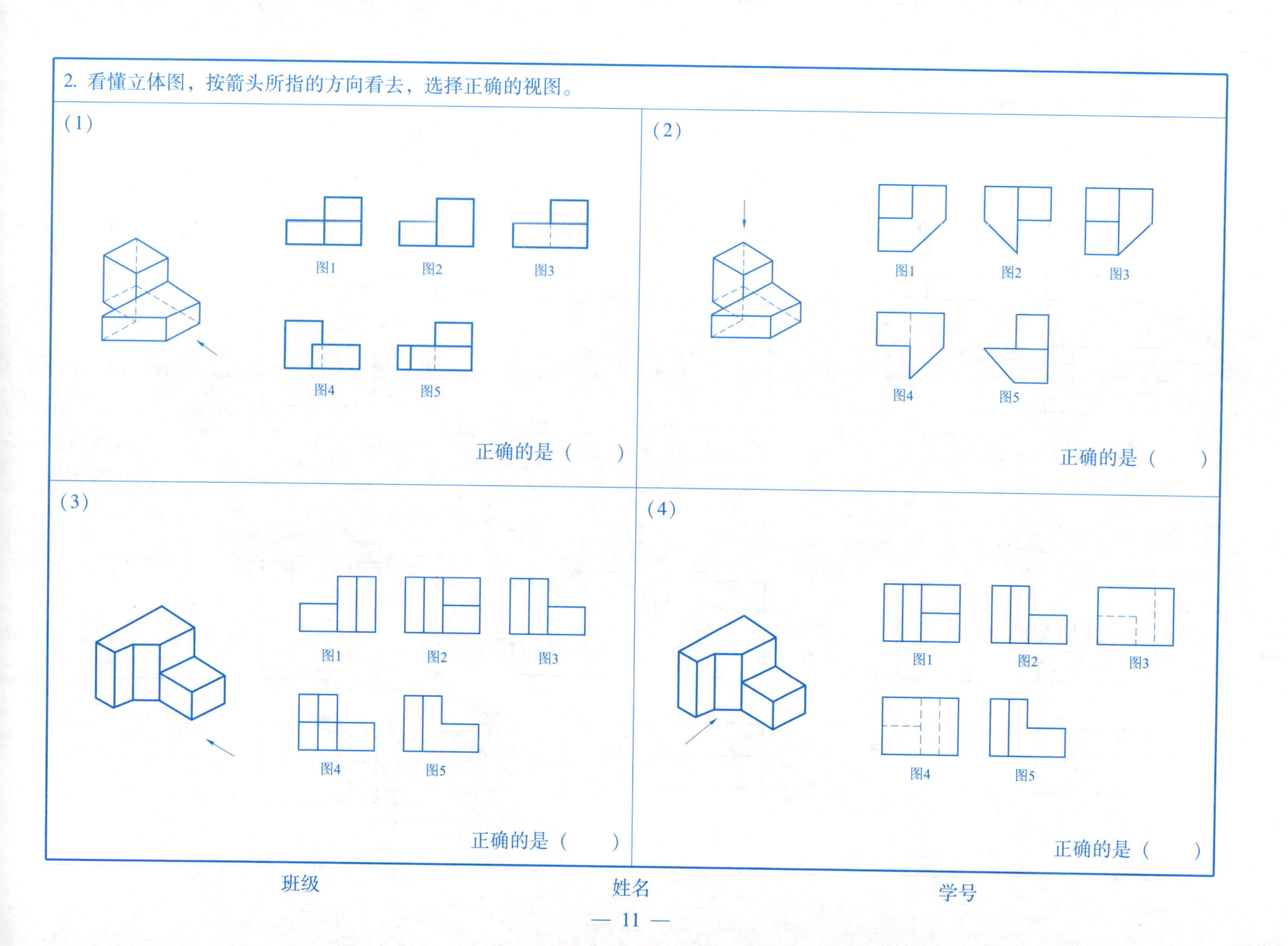
2. 看懂立体图，按箭头所指的方向看去，选择正确的视图。
(1)
图1
图2
图3
图4
图5
正确的是（ ）
(2)
图1
图2
图3
图4
图5
正确的是（ ）
(3)
图1
图2
图3
图4
图5
正确的是（ ）
(4)
图1
图2
图3
图4
图5
正确的是（ ）
班级
姓名
学号

3. 看懂三视图，找出其对应的立体图，把立体图的代号填写在相应三视图的括号内。

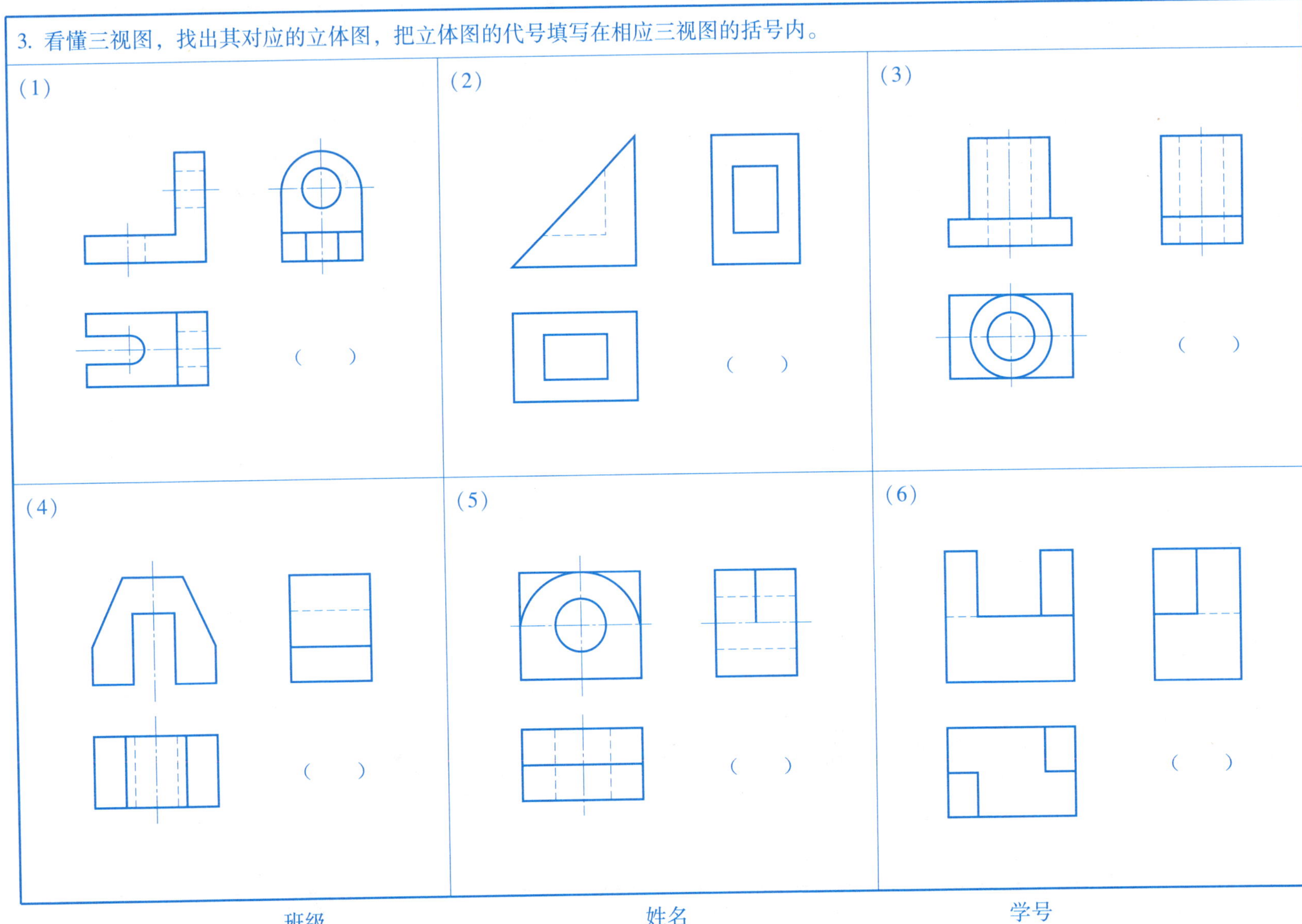

班级　　　　姓名　　　　学号

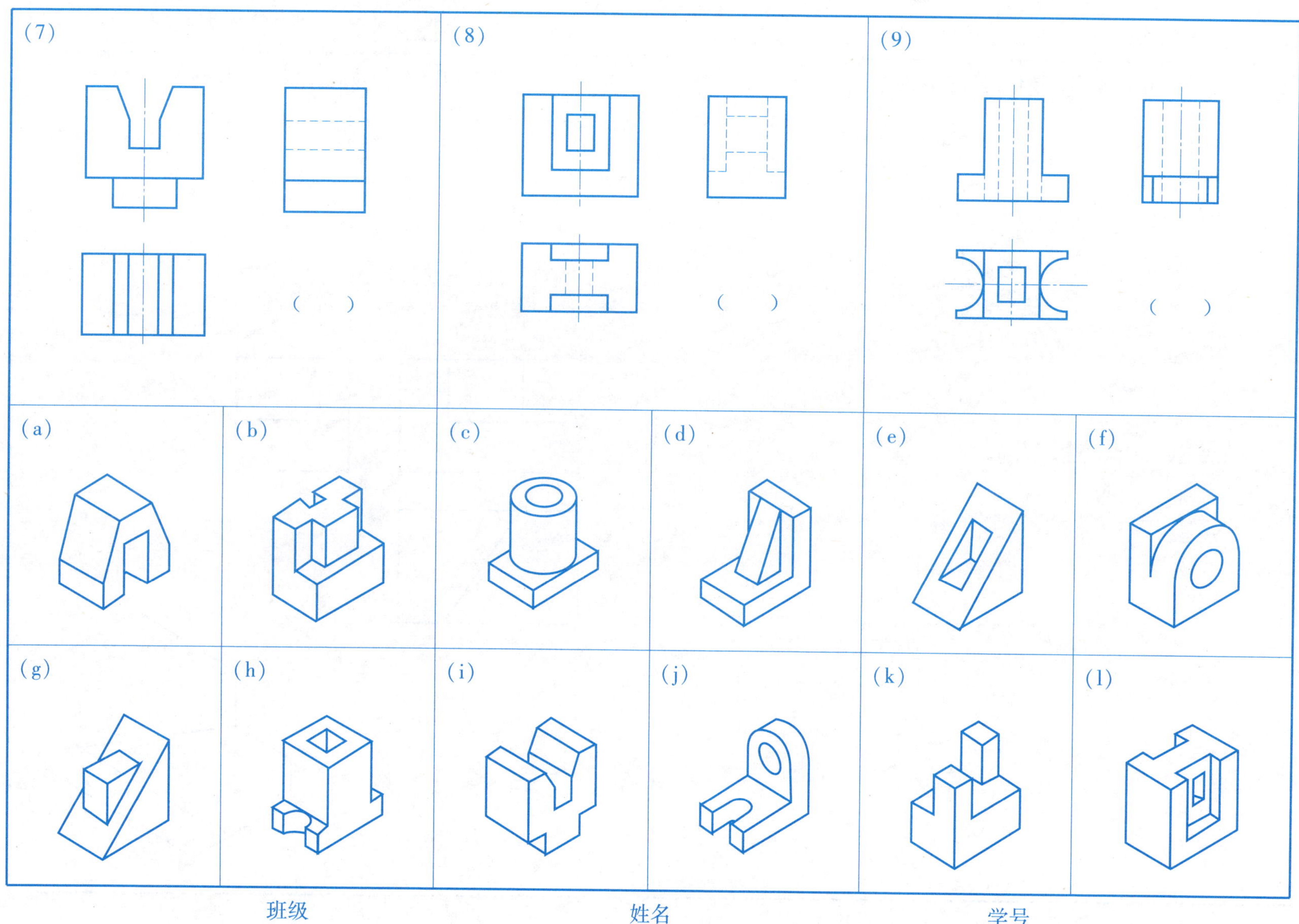

班级　　　　　　　　　　姓名　　　　　　　　　　学号

2.2 点的投影

1. 已知各点的两面投影，求作其第三面投影。

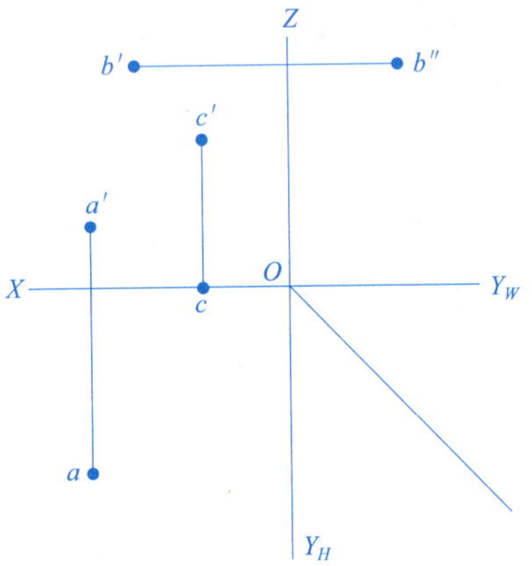

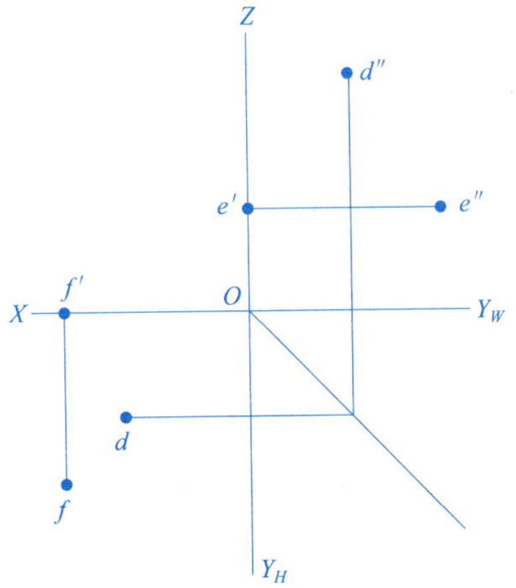

2. 参照立体图中 A、B、C 的位置，按点的投影规律分别标出 A、B、C 三点的三面投影。

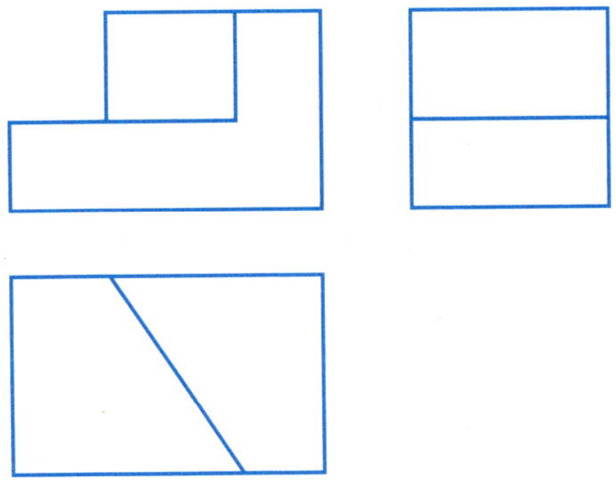

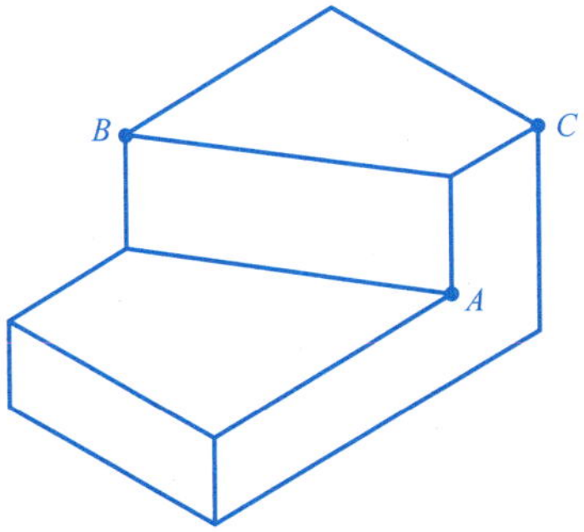

班级 姓名 学号

3. 已知点 A 的坐标为（10，25，20）、点 B 的坐标为（20，15，25），完成它们的三面投影图和立体图。

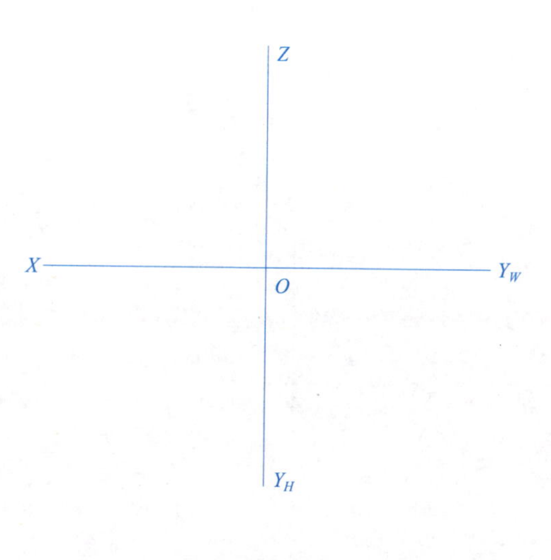

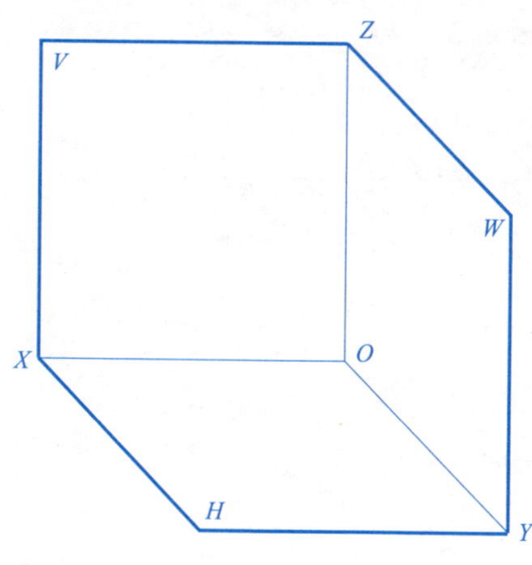

4. 已知 A、B、C 三点的两面投影，求作各点的第三面投影，并分析它们的相对位置。

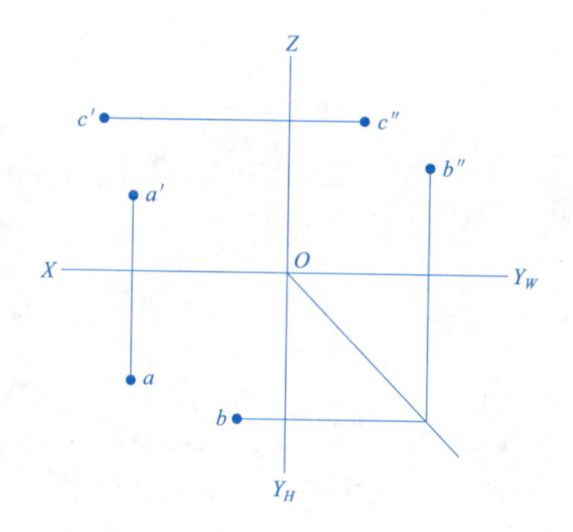

点 B 在点 A 的（　　　　　）方

点 A 在点 C 的（　　　　　）方

点 C 在点 B 的（　　　　　）方

班级　　　　　　　　姓名　　　　　　　　学号

5. 已知点 B 距点 A 15，点 C 与点 A 在 V 面重影，点 D 在点 A 的正下方 10，补全 B、C、D 各点的三面投影，不可见投影加括号。

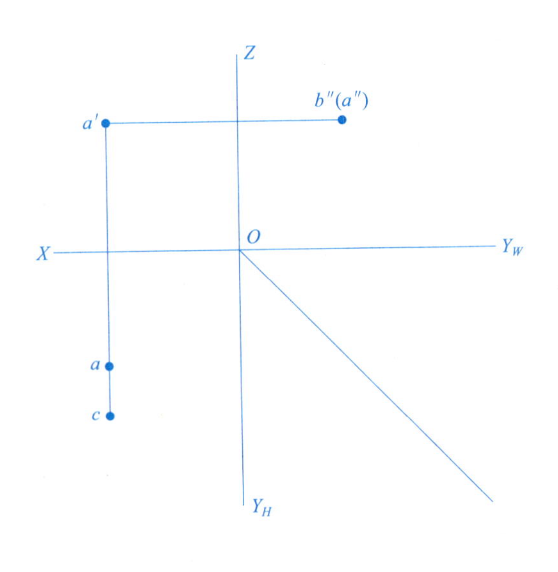

6. 已知点 A 距 H 面 25，距 V 面 15，距 W 面 20。点 B 在点 A 的正上方 10 处，点 C 在点 A 前方 10，左方 10，下方 15 处，求作 A、B、C 三点的三面投影。

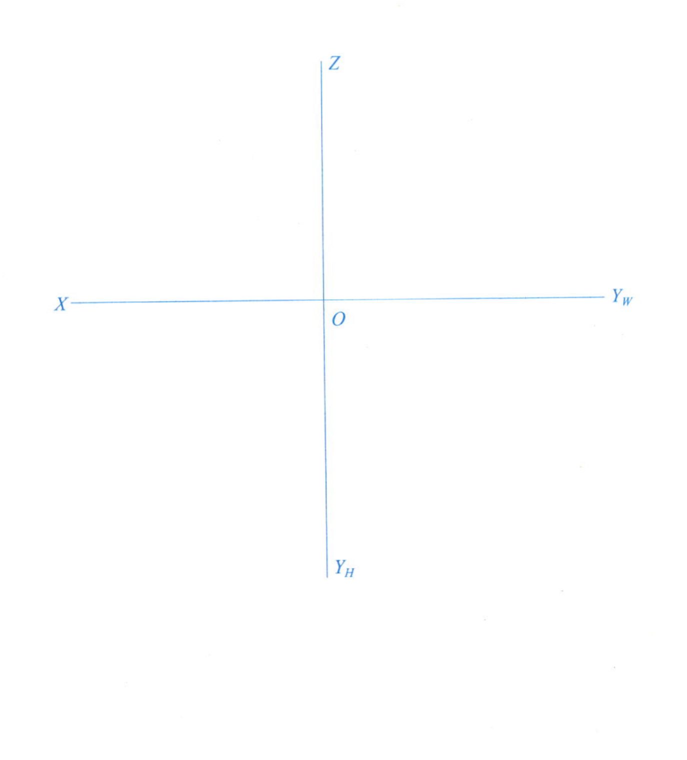

班级　　　　姓名　　　　学号

2.3 直线的投影

1. 已知直线 AB 的端点 A 在 H 面上方 25，V 面前方 10，W 面左方 20；端点 B 在点 A 右方 10，前方 15，比点 A 低 10，求作直线 AB 的三面投影图和立体图。

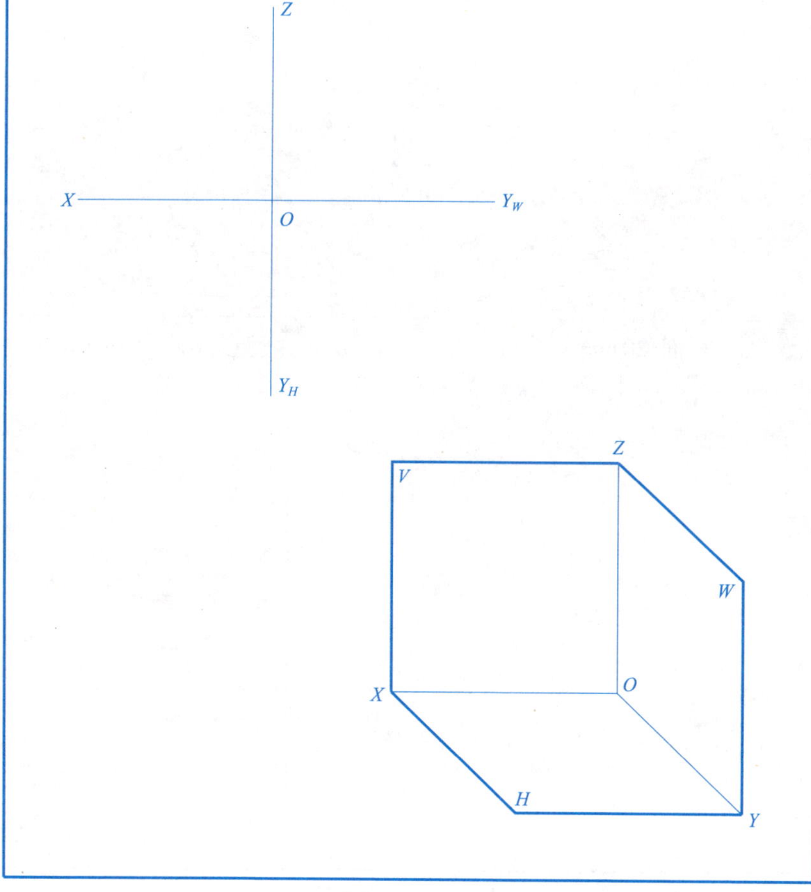

2. 参照立体图，在物体三视图中标出 AB、BC、CD、DE 各棱线的三面投影，并判断它们各是什么位置直线。

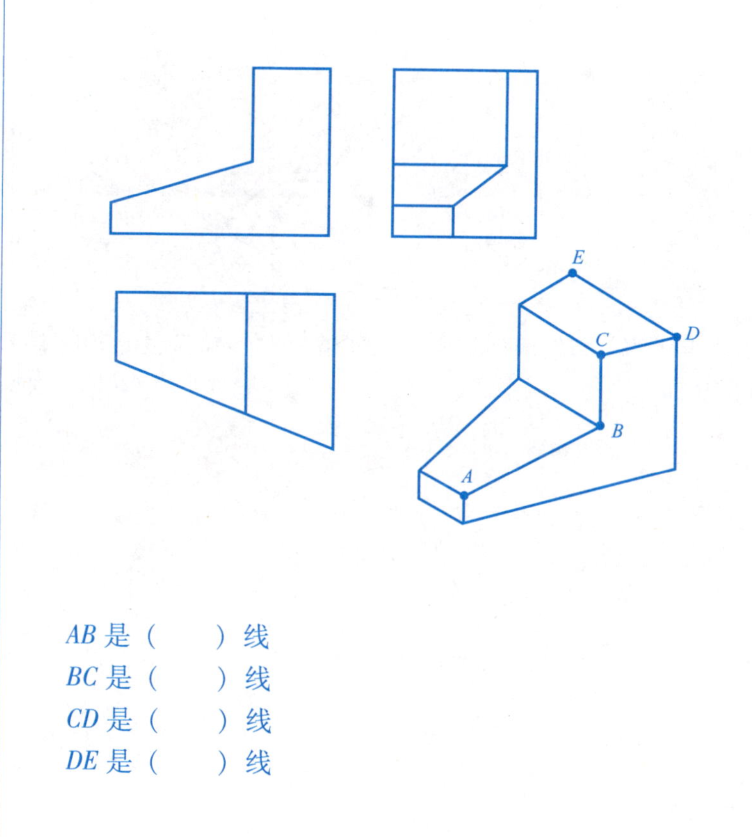

AB 是（　　）线

BC 是（　　）线

CD 是（　　）线

DE 是（　　）线

班级　　　　姓名　　　　学号

3. 已知 *A*（20，8，5）、*B*（5，18，20），求作直线 *AB* 的三面投影。

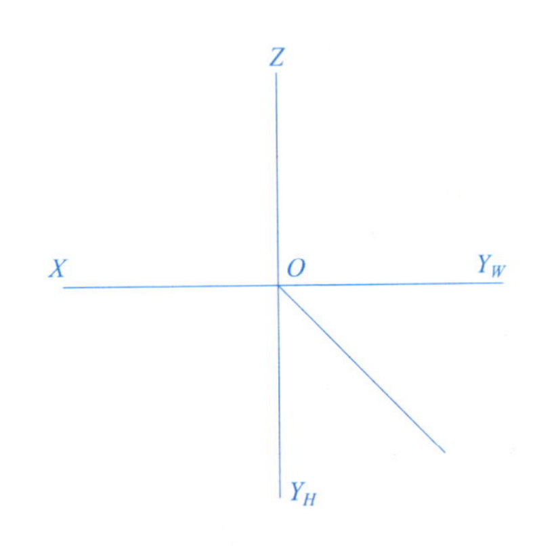

4. 已知直线 *CD* 的两面投影，求作第三面投影。

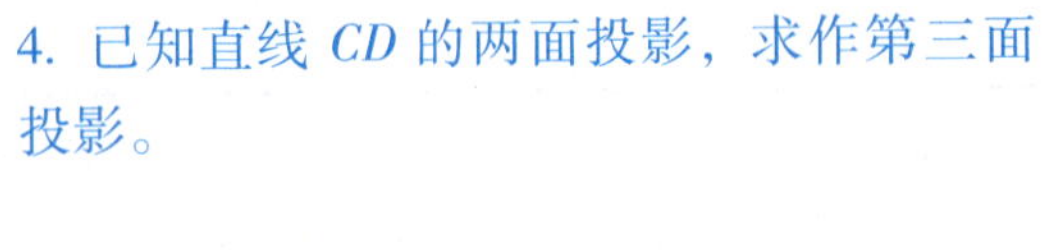

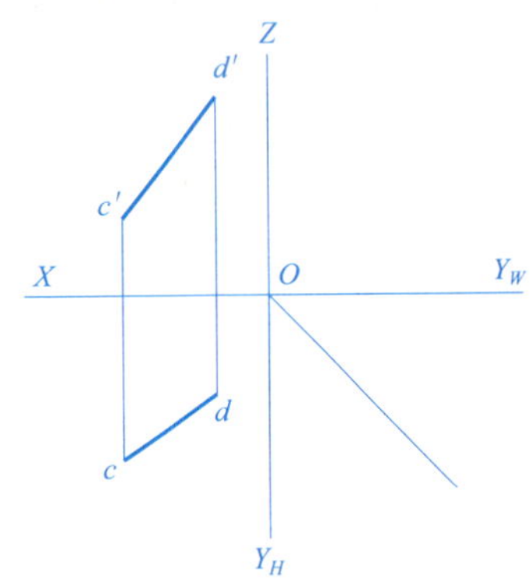

5. 已知 *AB* 平行于 *V* 面，完成直线 *AB* 的三面投影。

6. 求侧平线 *MN* 的另两面投影，并标出与 *V* 面和 *H* 面的夹角。

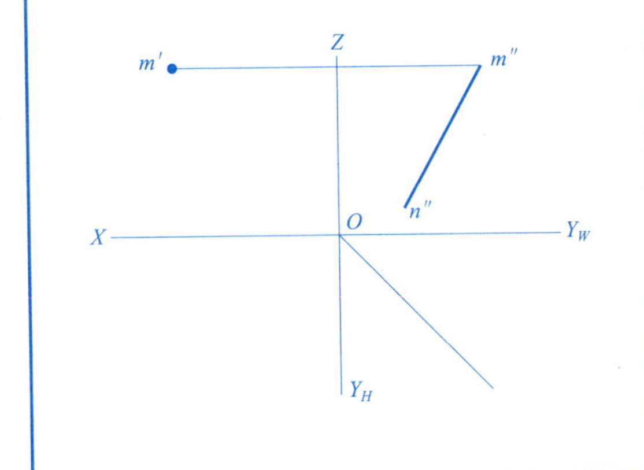

7. 已知 *AB* 垂直于 *V* 面，距 *W* 面 20 mm，完成直线 *AB* 的三面投影。

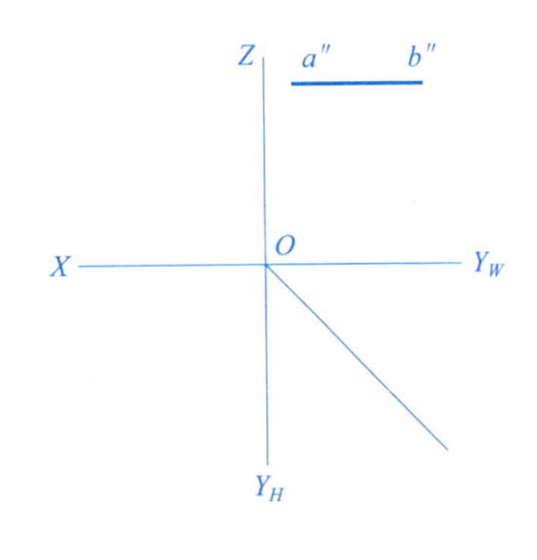

8. 已知点 *K* 在 *AB* 上，且点 *K* 距 *V* 面 15 mm，求点 *K* 的两面投影。

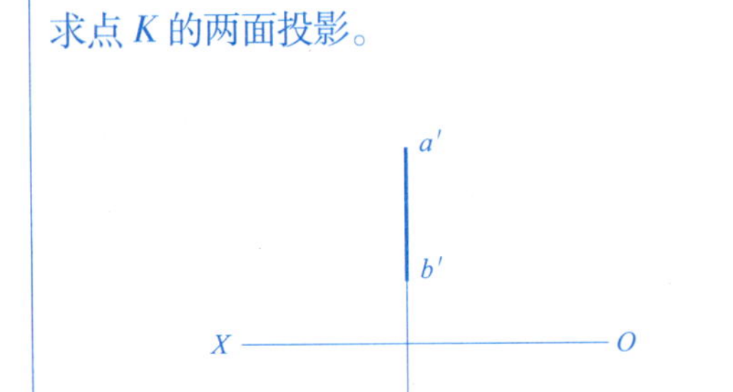

班级　　　　　　姓名　　　　　　学号

9. 已知侧平线 AB 及点 C 的投影，判断 C 是否在 AB 上。

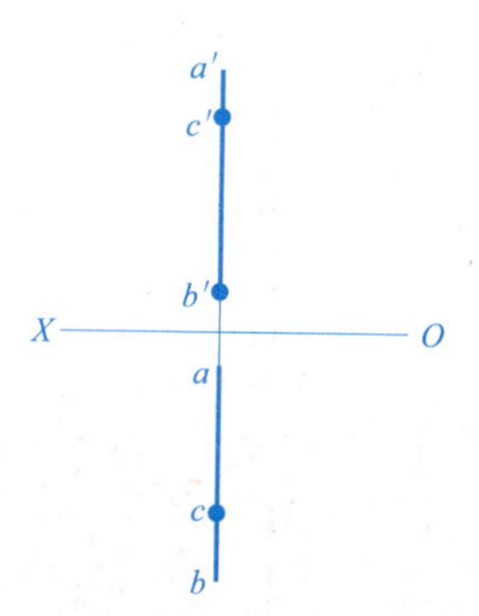

10. 点 C 在直线 AB 上，C 到 H 面距离为 15 mm，求点 C 的投影。

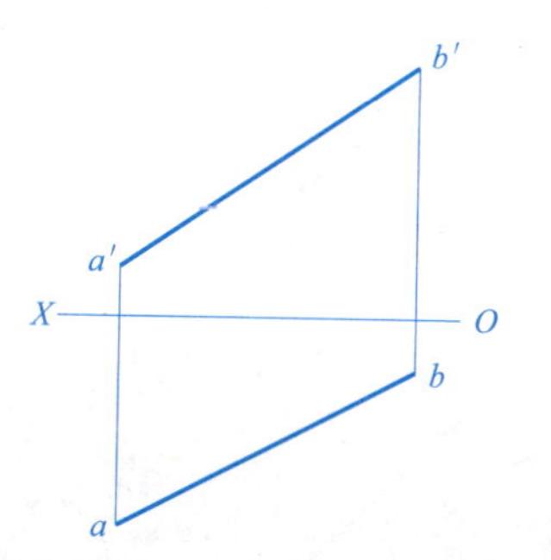

11. 点 A 在直线 MN 上，已知 $MA:AN=3:2$，求点 A 的投影。

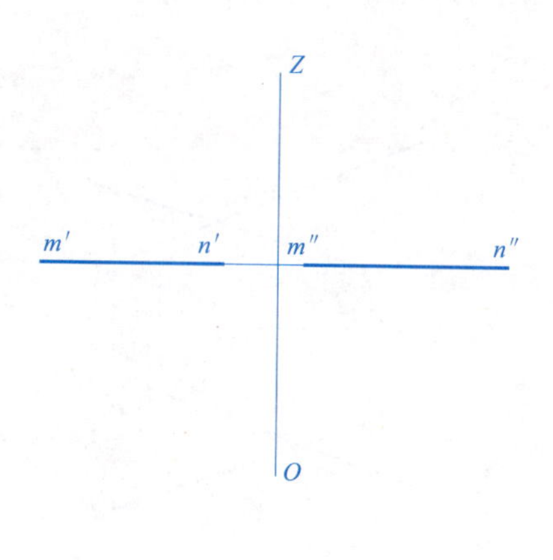

12. 已知 K、L 两点在三棱锥棱线 SA、SB 上，$SK:KA=1:3$，$SL:LB=1:2$，求作 K、L 两点的三面投影。

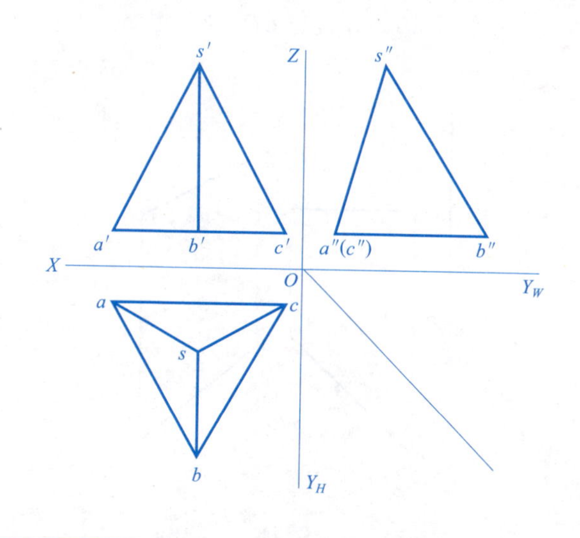

班级　　　　姓名　　　　学号

13. 直线 *KL* 与 *MN* 相交，完成 *MN* 的投影。

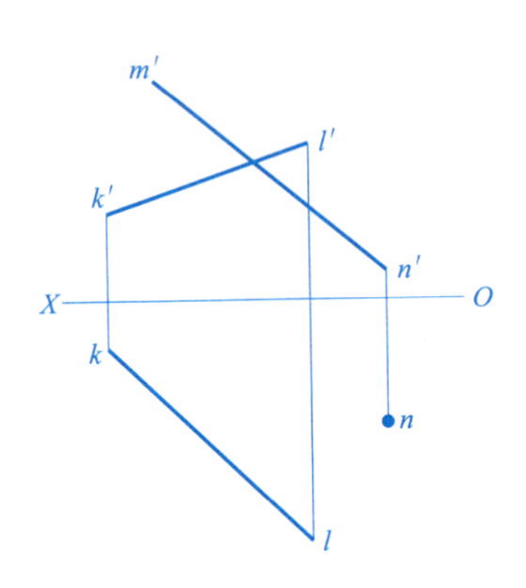

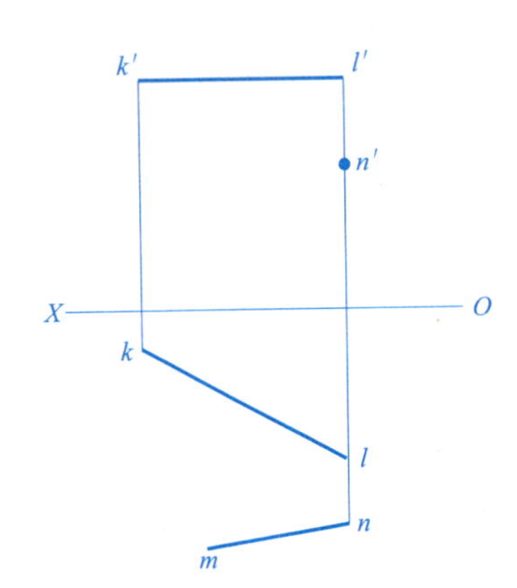

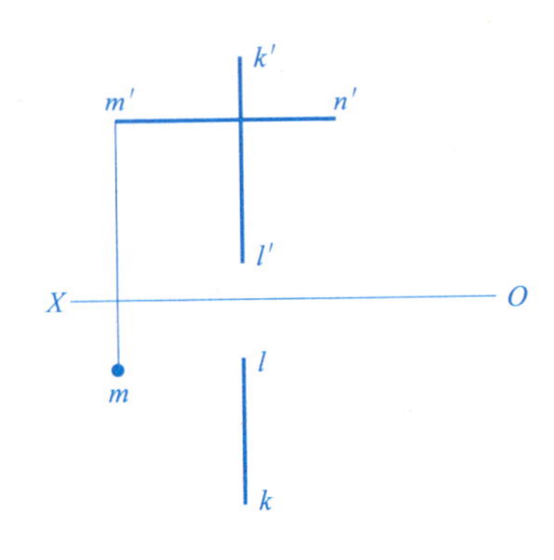

14. 作一直线 *ML* 平行 *AB*，并且与 *CD*、*EF* 相交。

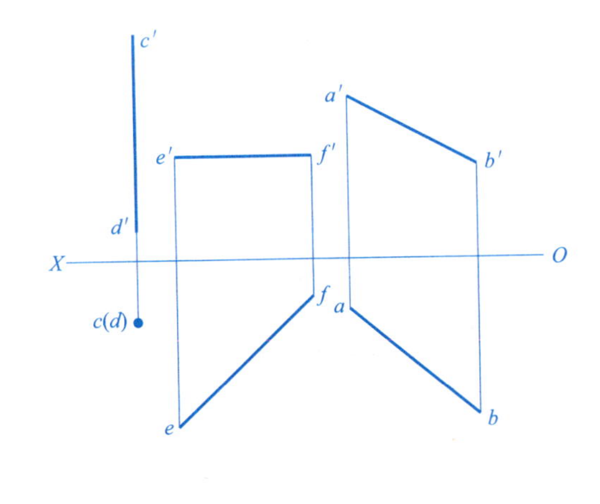

15. 标出重影点的投影，并判断可见性。

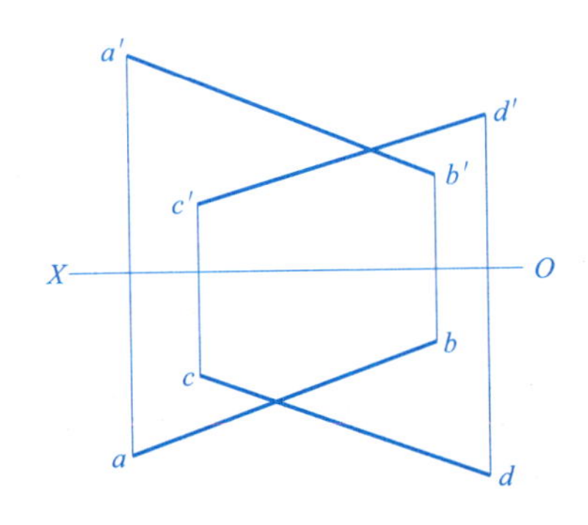

班级　　　　姓名　　　　学号

2.4 平面的投影

1. 已知平面的两面投影，求作第三面投影，并判断平面的空间位置。

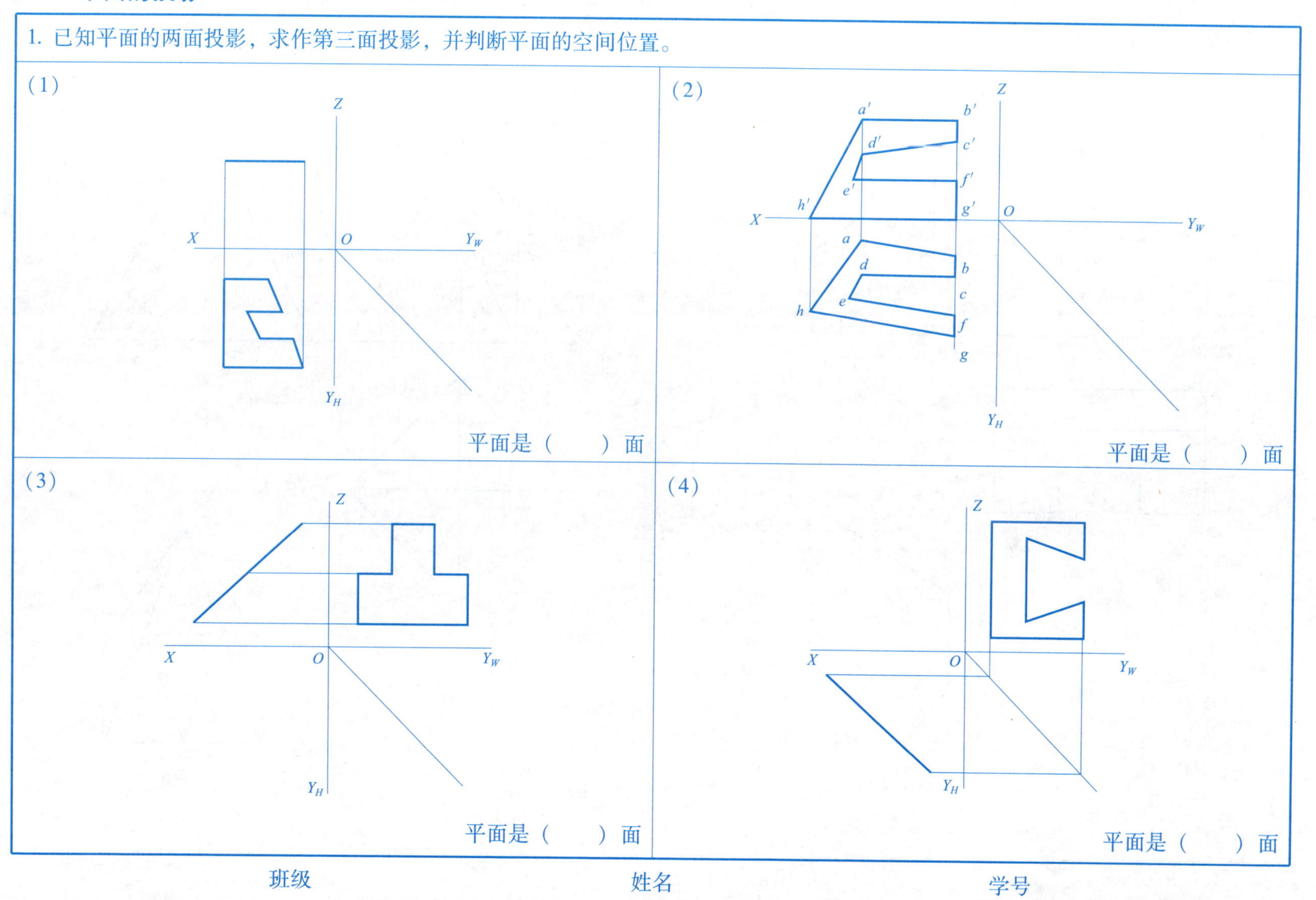

班级　　　　　　姓名　　　　　　学号

2. 用不同的阴影涂出下列物体上表面 A、B、C 的三面投影，在立体图中相应位置用同样阴影涂出，并判断它们的空间位置。

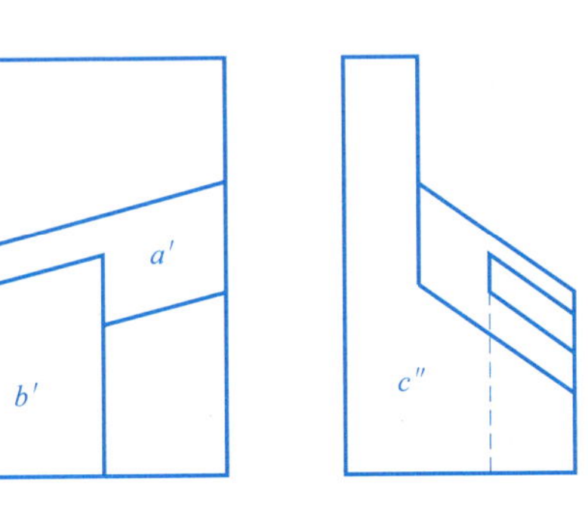

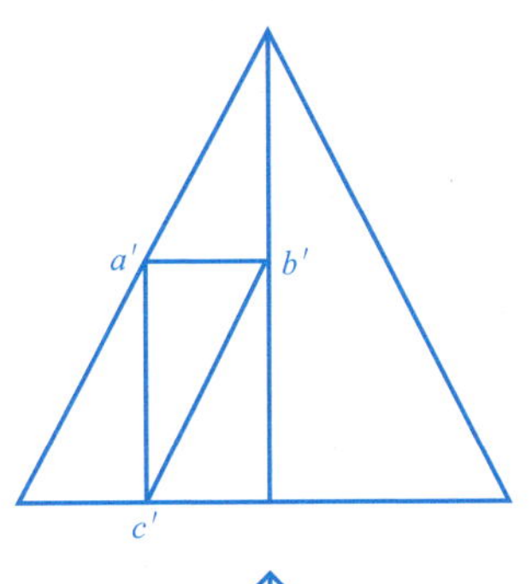

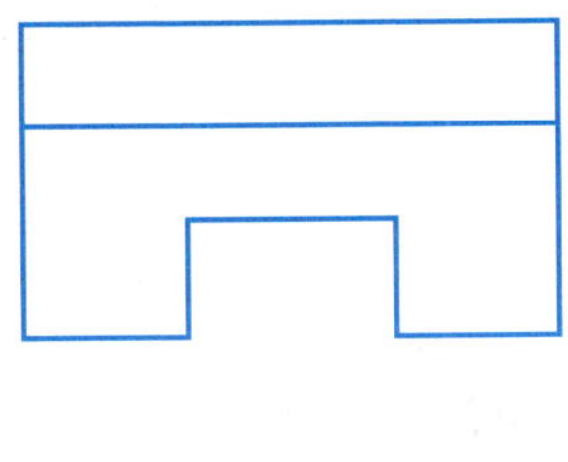

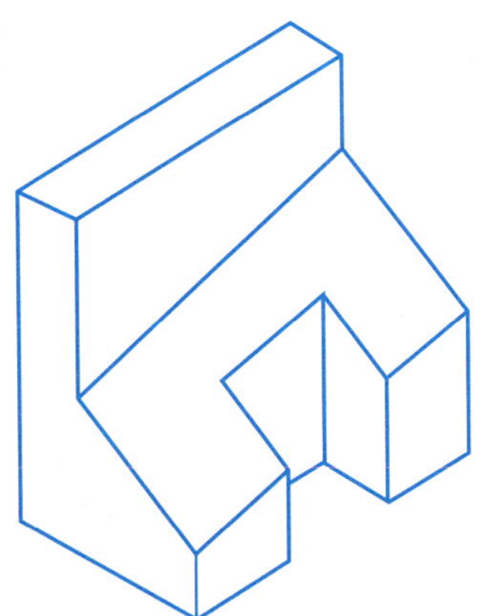

A 面是________面

B 面是________面

C 面是________面

3. 已知△ABC 在四棱锥的一个侧面上，求△ABC 的另两面投影。

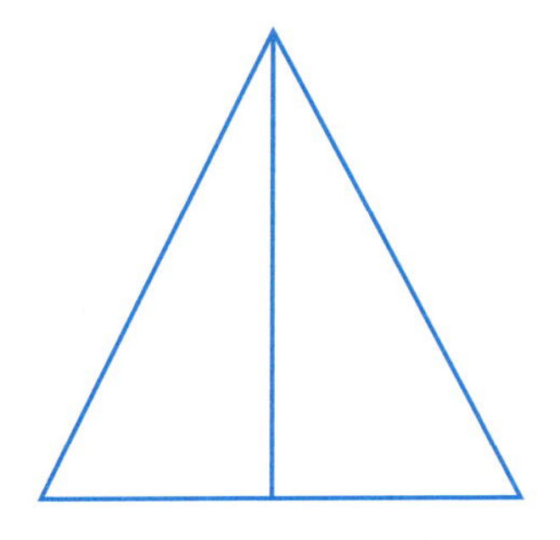

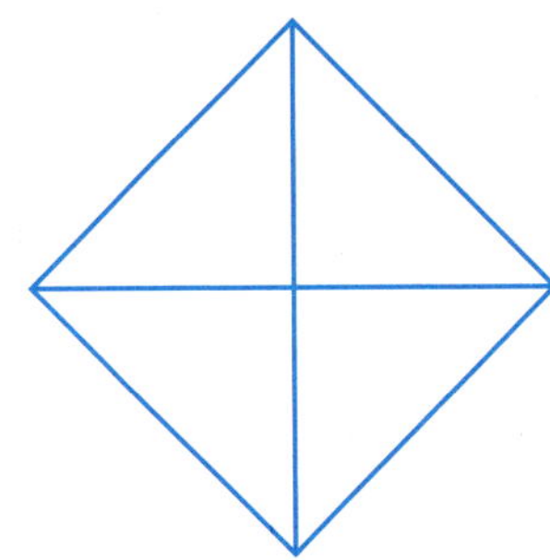

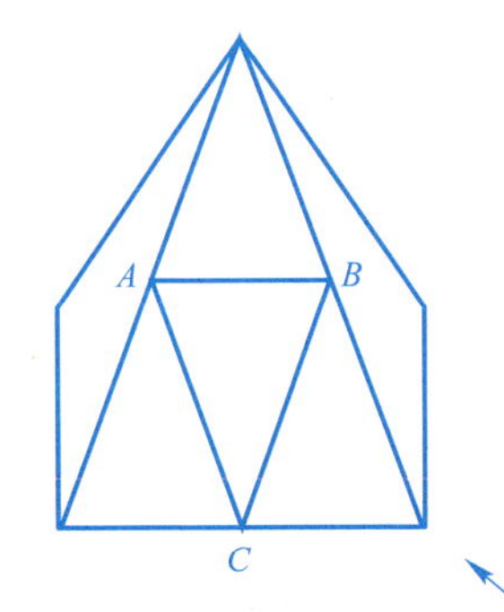

班级　　　　　　　　姓名　　　　　　　　学号

4. 判断下列点或直线是否在平面上。

(1)

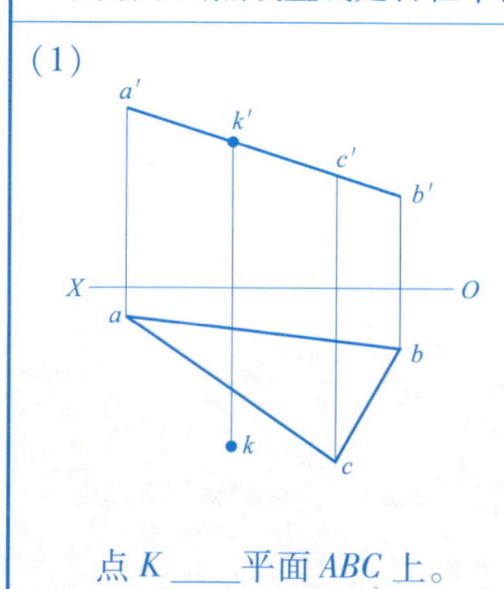

点 K ____平面 ABC 上。

(2)

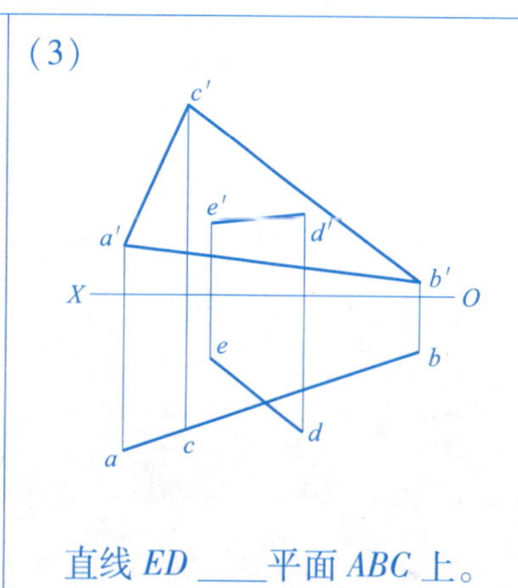

点 K ____平面 ABC 上。

(3)

直线 ED ____平面 ABC 上。

(4)

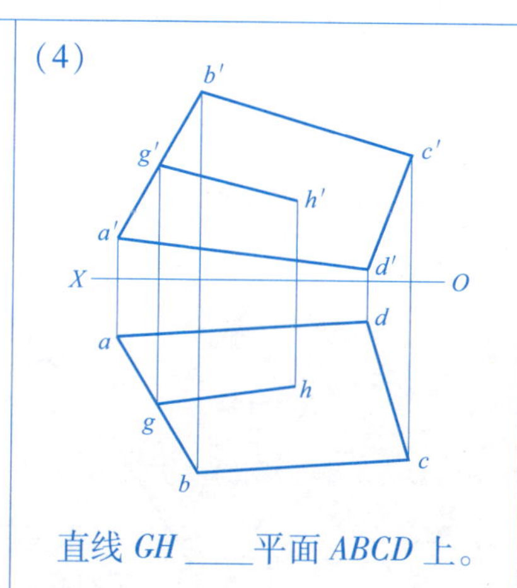

直线 GH ____平面 ABCD 上。

5. 在△ABC 内，做一点 K 的投影，并使点 K 距 H 面 15 mm，距 V 面 20 mm。

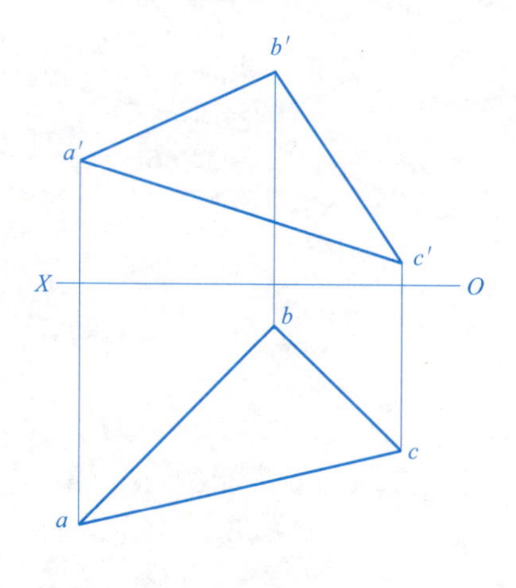

6. 过点 A 作属于平面△ABC 的水平线。

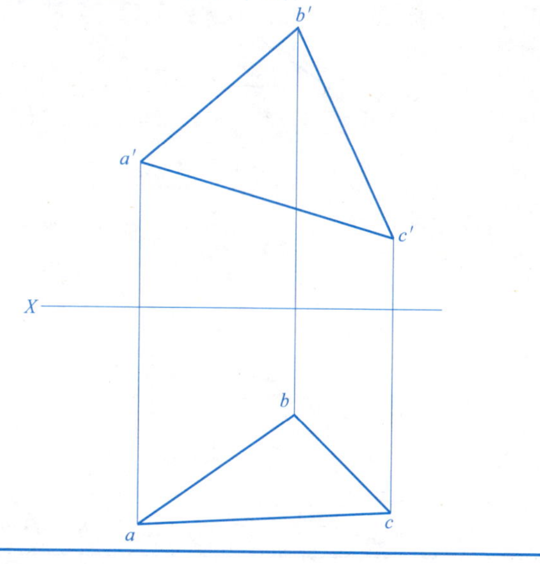

班级　　　　姓名　　　　学号

7. 已知平面五边形 *ABCDE* 的对角线 *BE* 是正平线，试完成该五边形的水平投影。

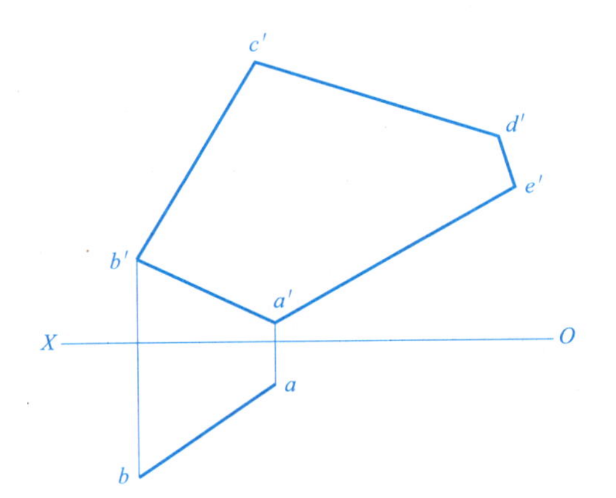

8. 补全平面图形 *PQRST* 的两面投影。

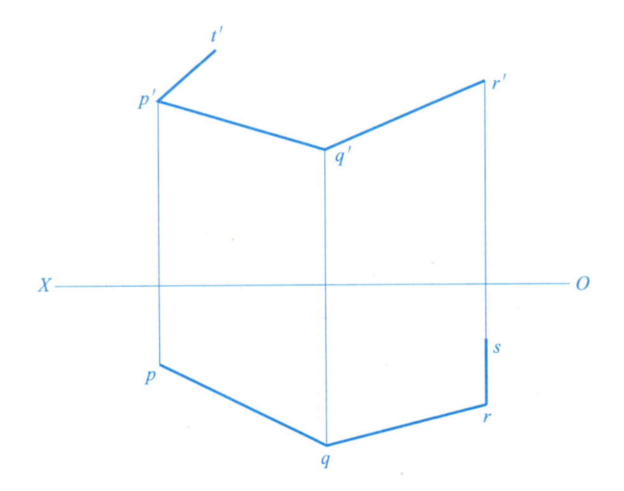

班级　　　　　　　　姓名　　　　　　　　学号

第 3 章　基本立体的投影

3.1　平面立体的投影

1. 绘制平面立体三视图。

（1）已知正五棱柱的轴测图及俯视图。

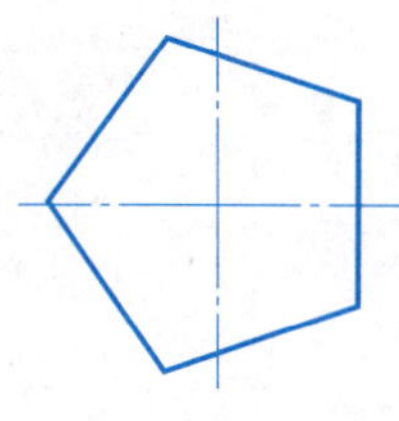

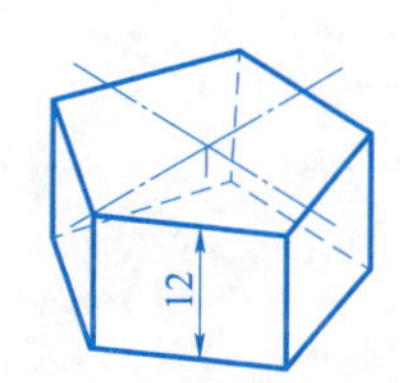

（2）已知正六棱柱的轴测图及尺寸。

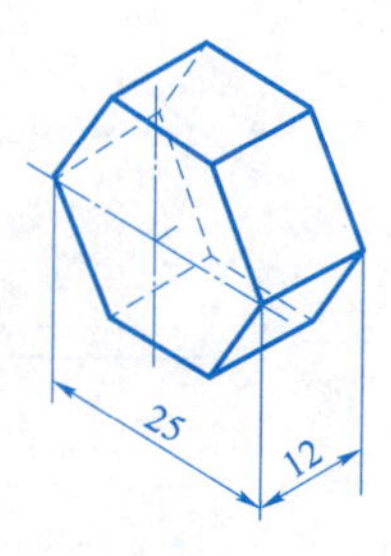

（3）已知四棱台的轴测图及尺寸。

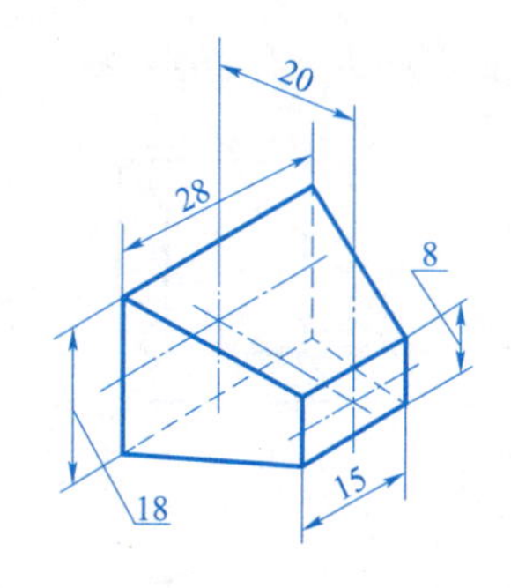

（4）已知正六棱台的俯视图，其高度为 25 mm。

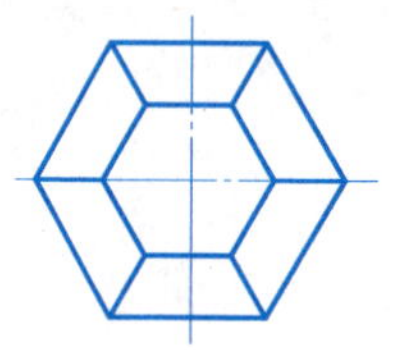

班级　　　　　　　　姓名　　　　　　　　学号

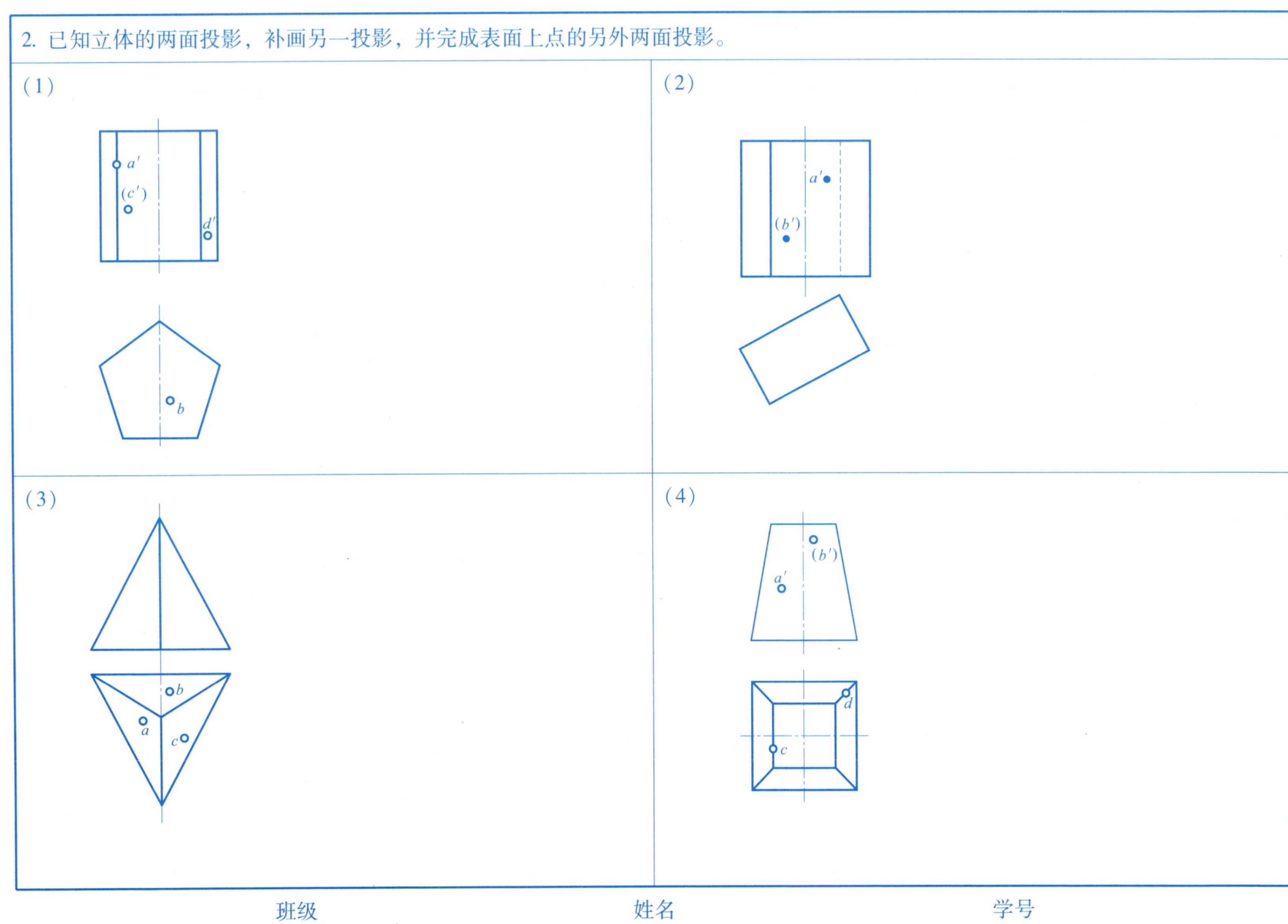

班级　　　　　　　　姓名　　　　　　　　学号

3.2 回转体的投影

1. 完成回转体三视图。

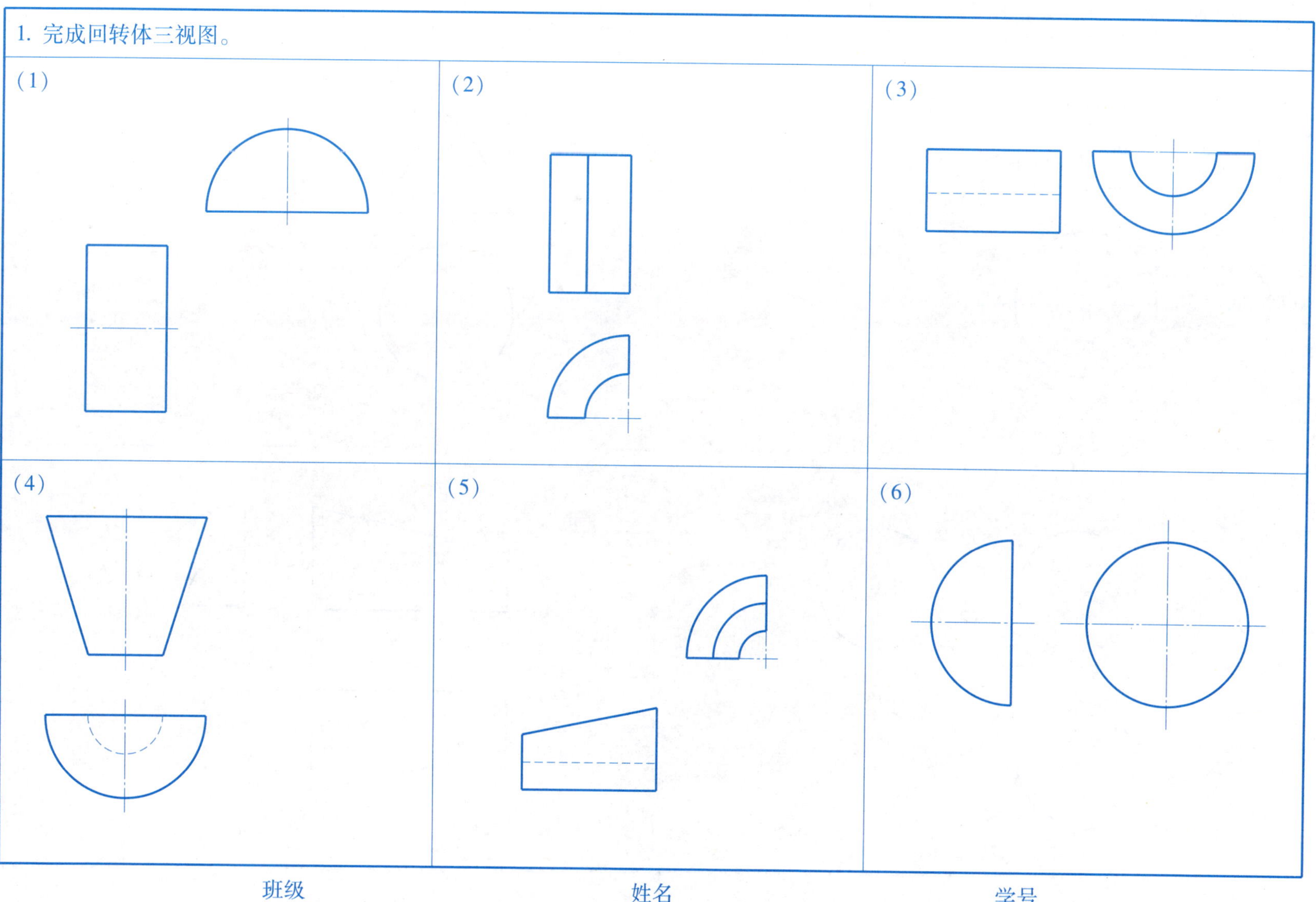

班级　　　　姓名　　　　学号

2. 完成曲面立体的三面投影，并补画其表面上点的另两面投影。

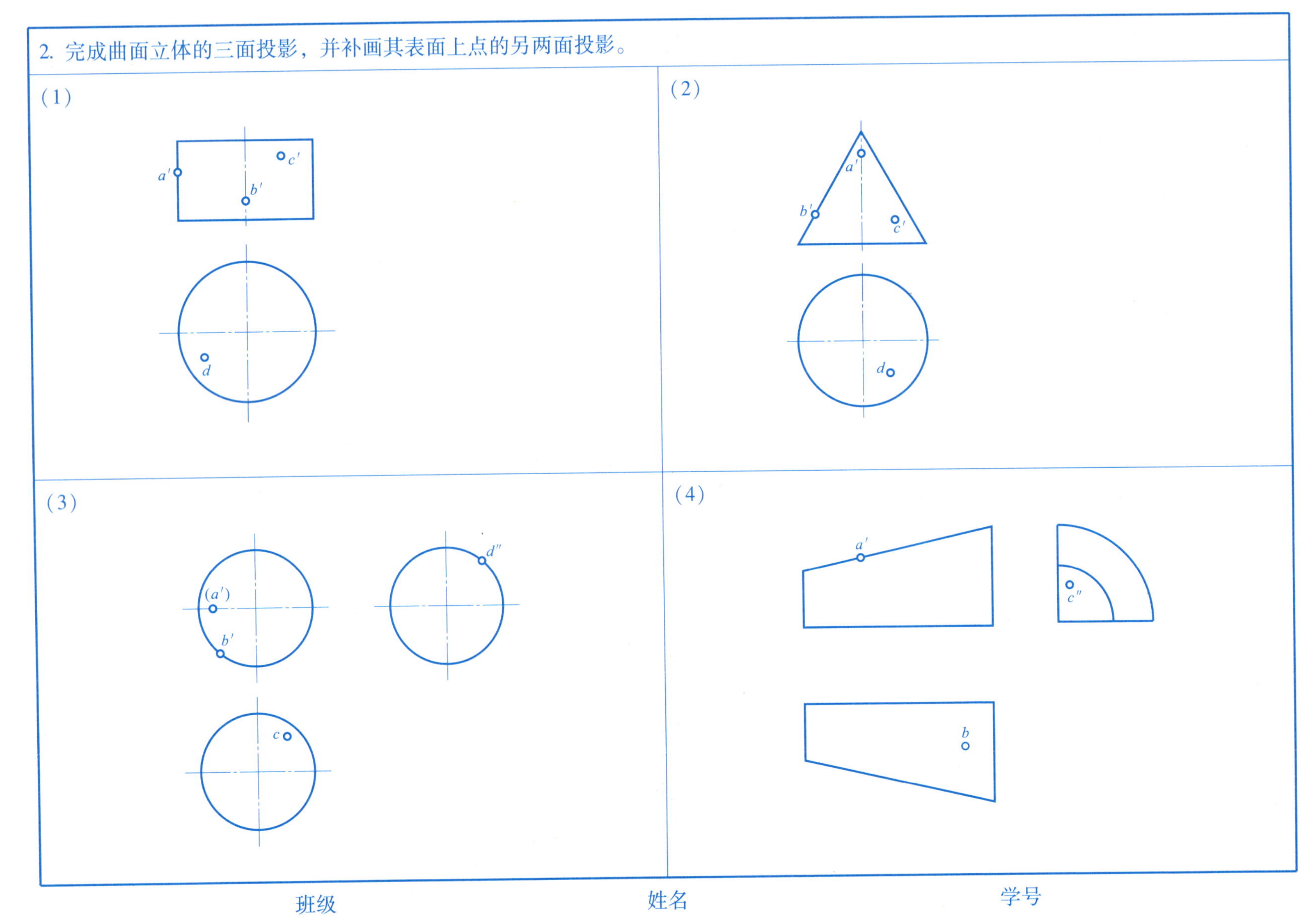

班级　　　　姓名　　　　学号

3. 补画立体表面各点的另一投影。

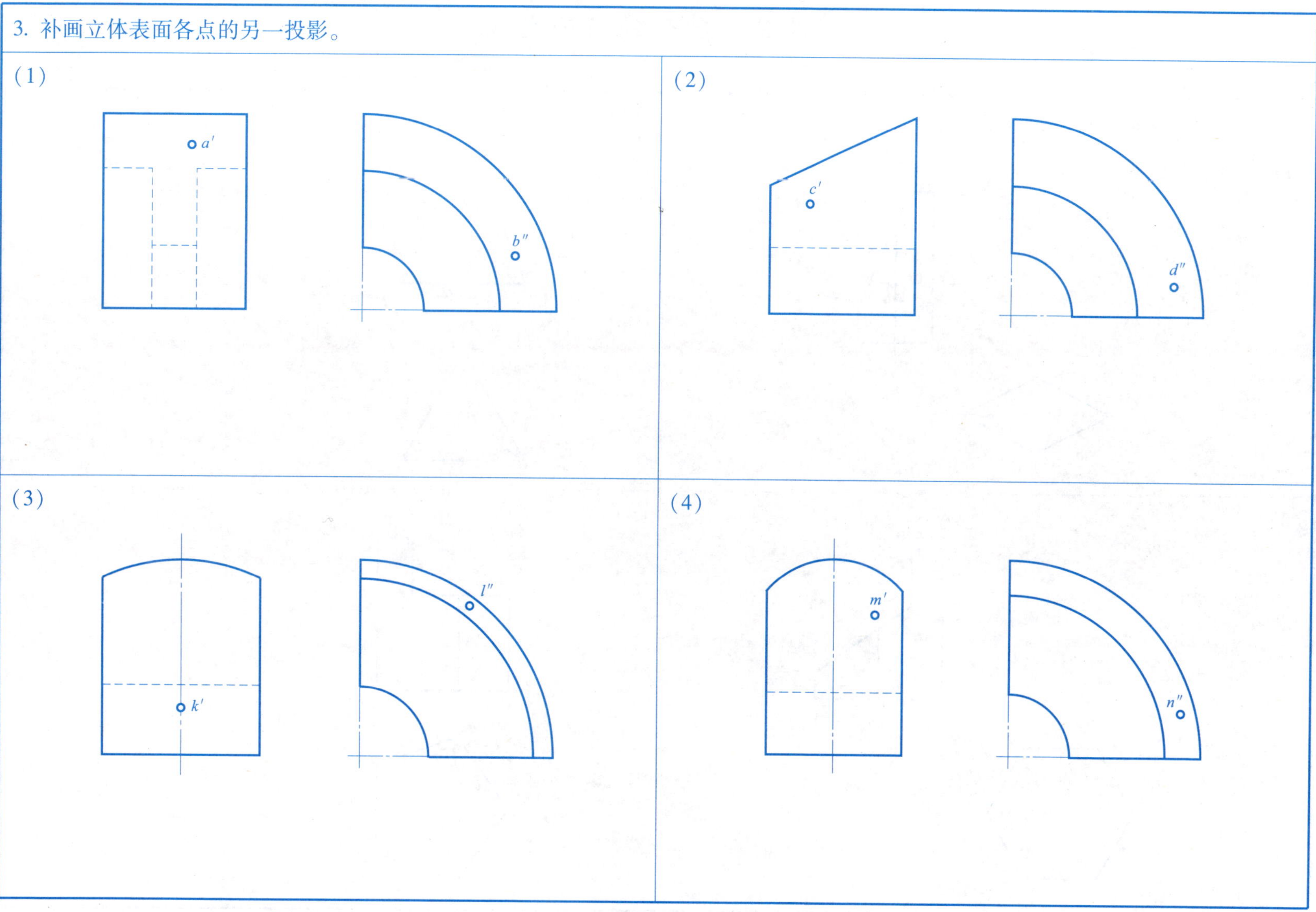

班级　　　　　　　　姓名　　　　　　　　学号

第 4 章　截交线与相贯线

4.1　截交线

1. 完成平面立体被截切后的三视图。

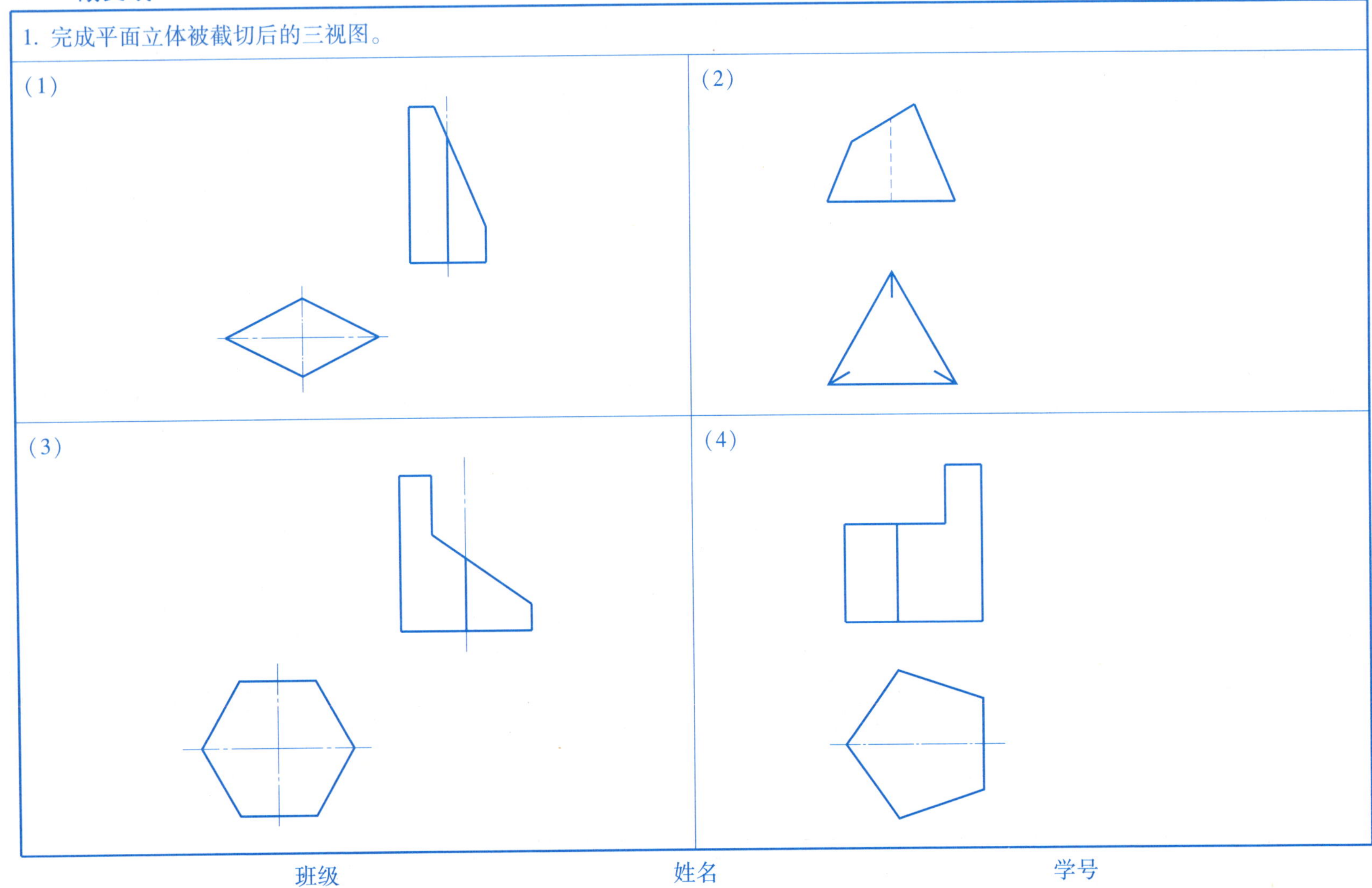

班级　　　　　　　　姓名　　　　　　　　学号

2. 根据给出的一个完整视图，完成另一视图，补画第三视图。

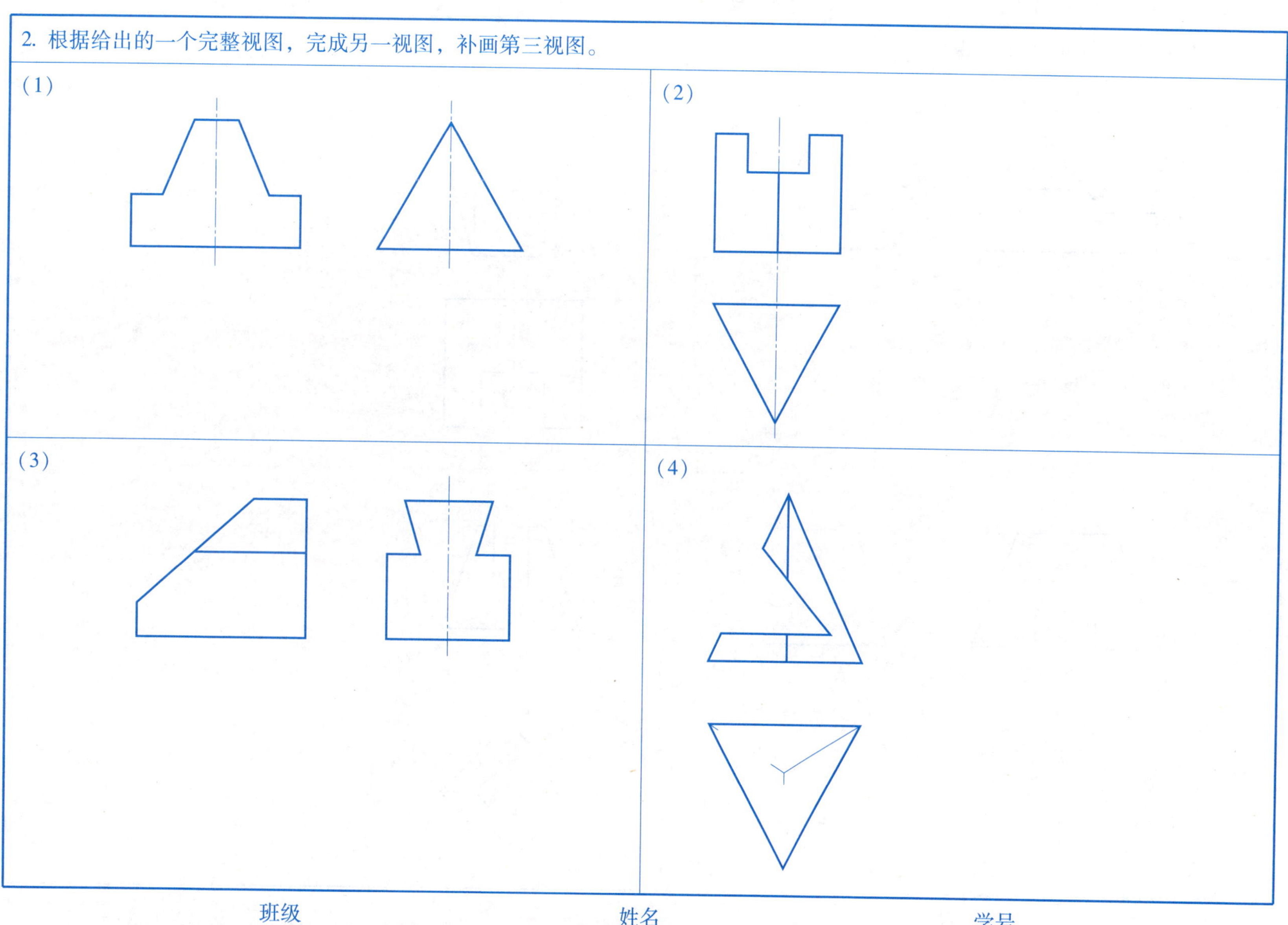

班级　　　　　　　　姓名　　　　　　　　学号

3. 补画平面立体被截切后的第三视图。

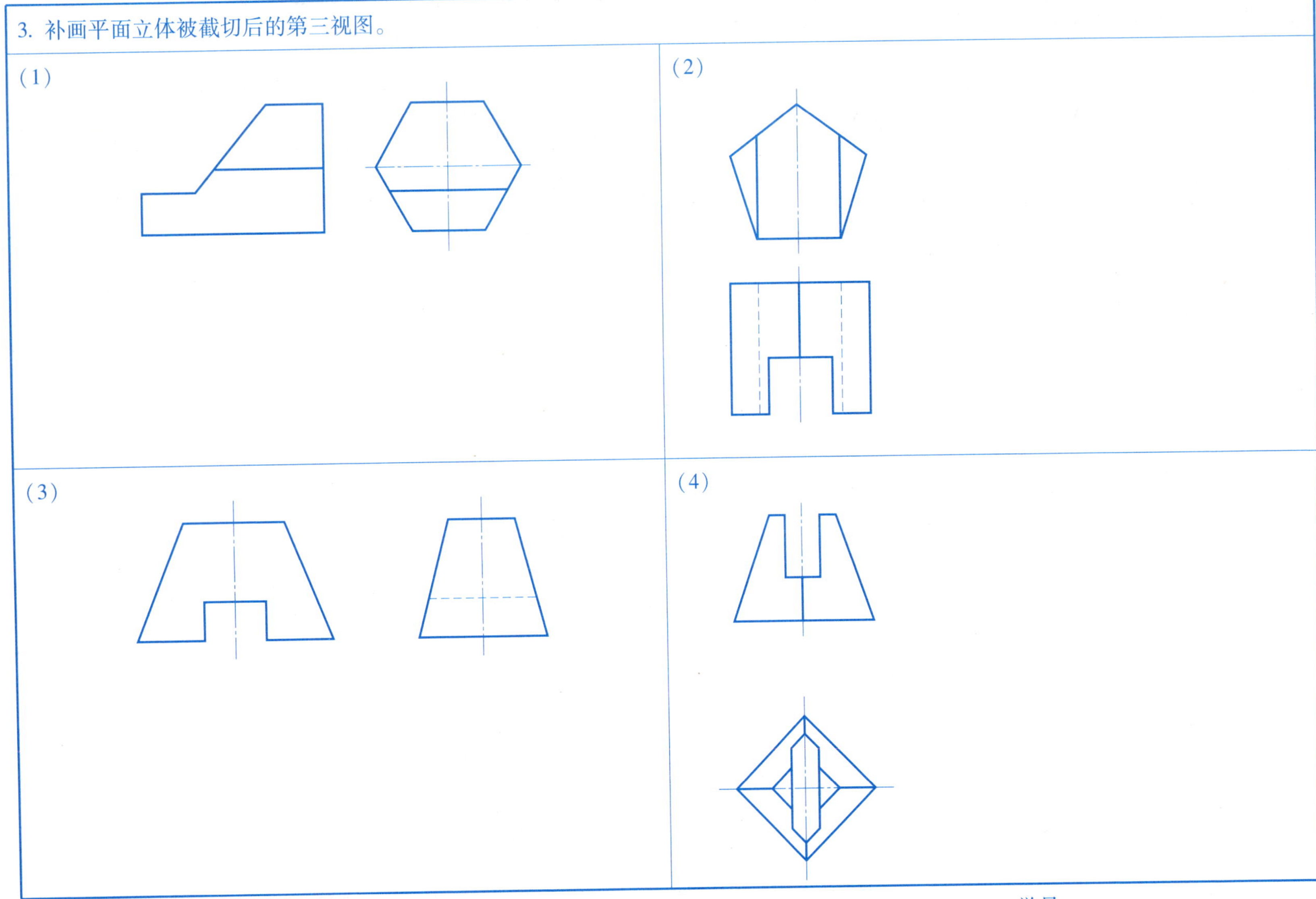

班级　　姓名　　学号

4. 根据给出的轴测图，在草纸上徒手练习画出下图的三视图。

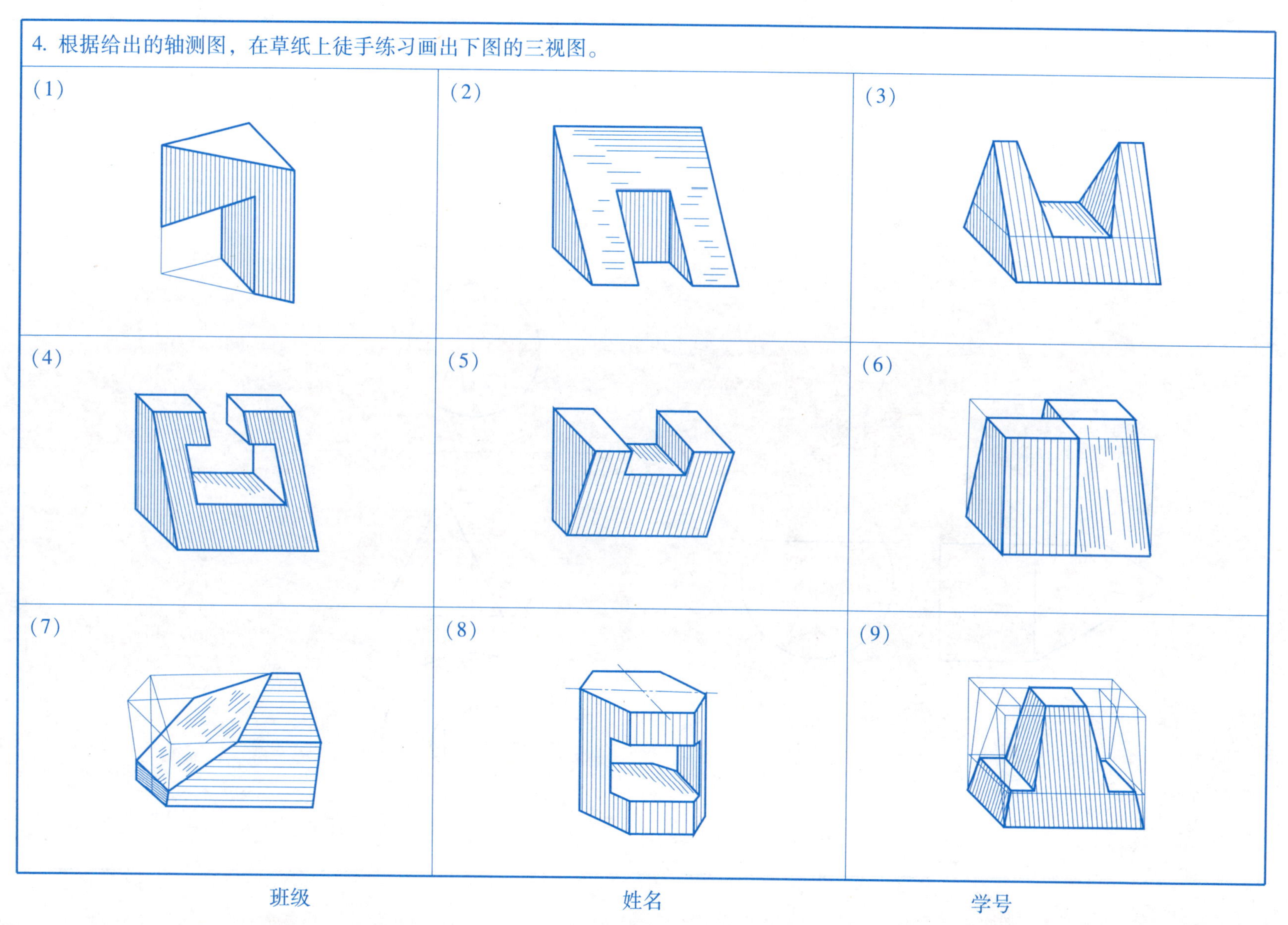

班级　　　　　　　　姓名　　　　　　　　学号

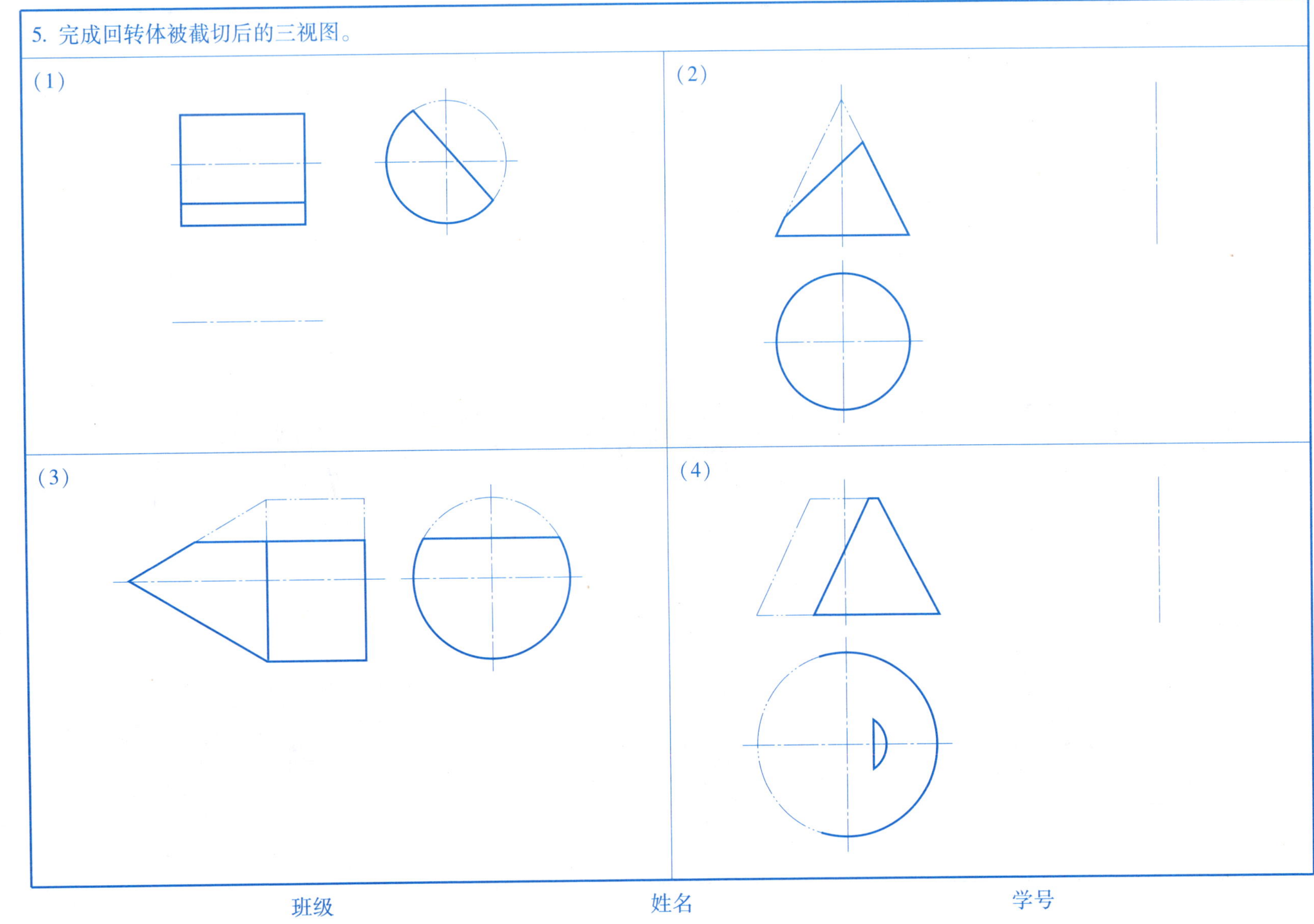
5. 完成回转体被截切后的三视图。
(1)
(2)
(3)
(4)
班级
姓名
学号

6. 补画回转体被截切后的第三视图。

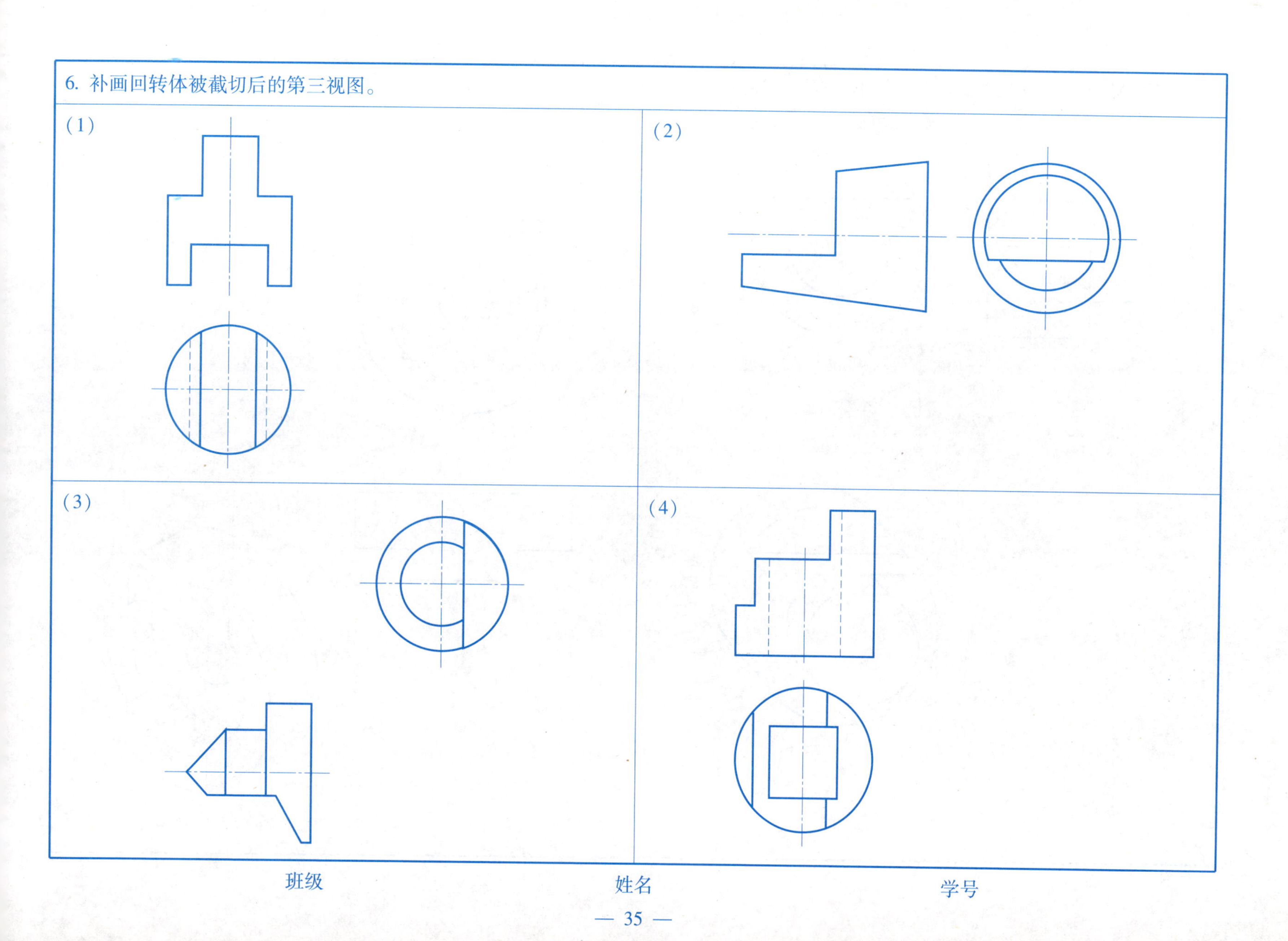

班级　　　　　　　　姓名　　　　　　　　学号

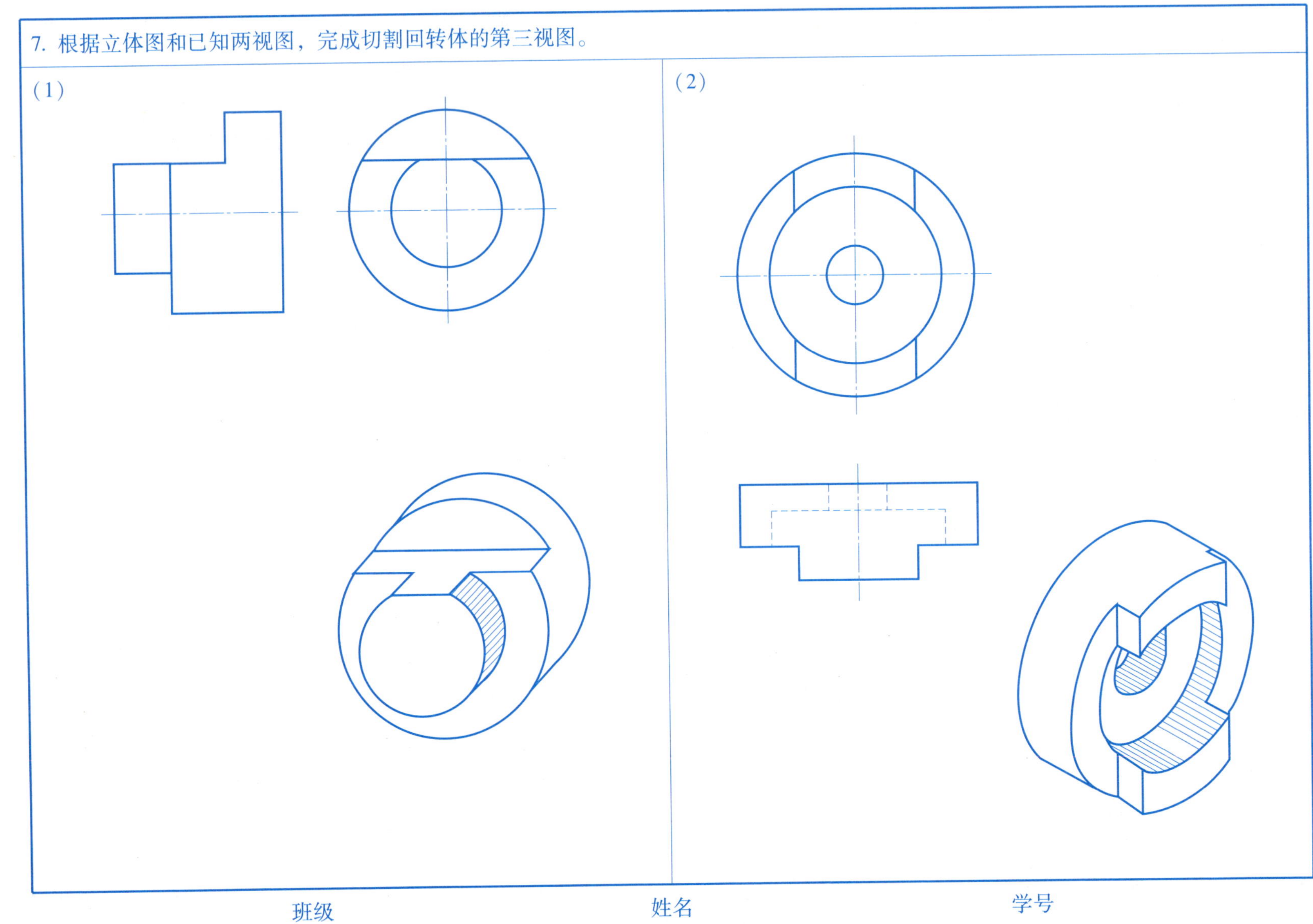
7. 根据立体图和已知两视图，完成切割回转体的第三视图。
(1)
(2)
班级
姓名
学号

8. 看懂立体图，找出与各物体相对应的左视图，将编号填写在下表内。

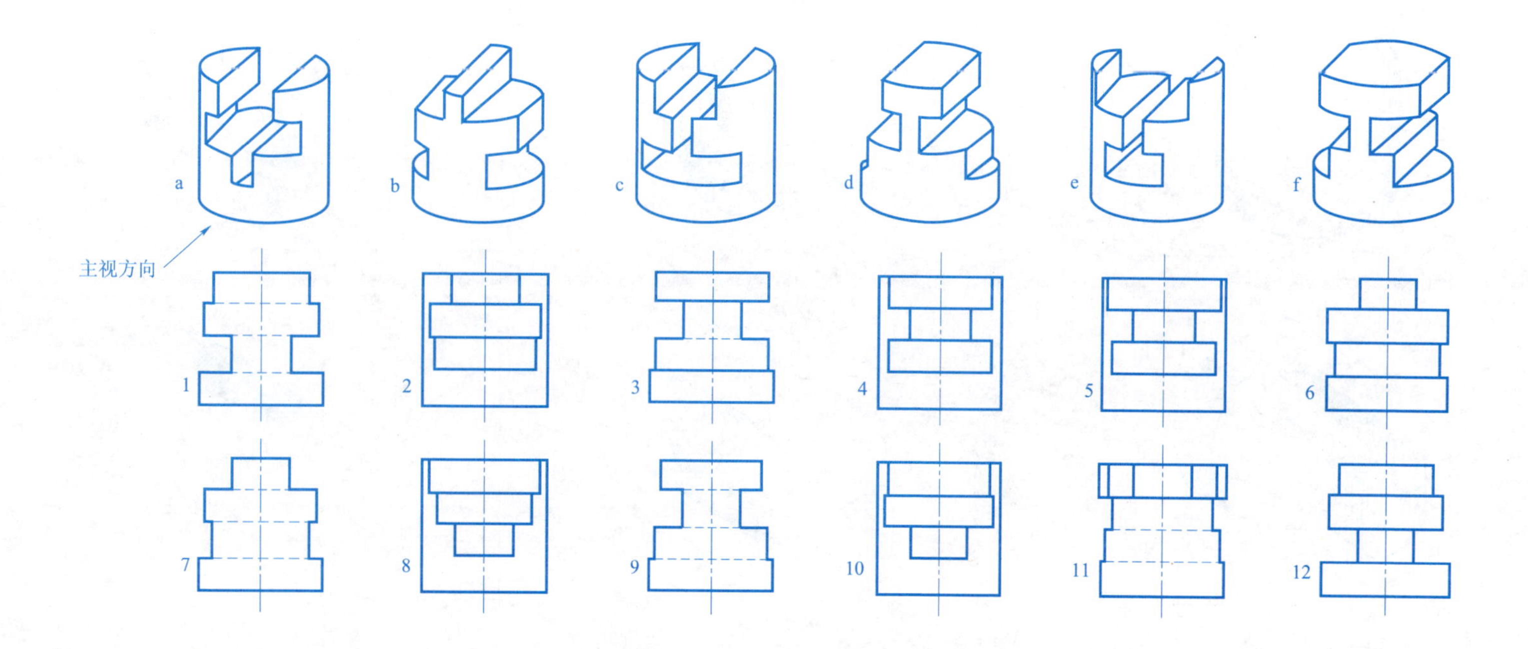

物体名称	a	b	c	d	e	f
左视图编号						

班级 姓名 学号

9. 根据给出的轴测图，在草纸上徒手练习画出下图的三视图。

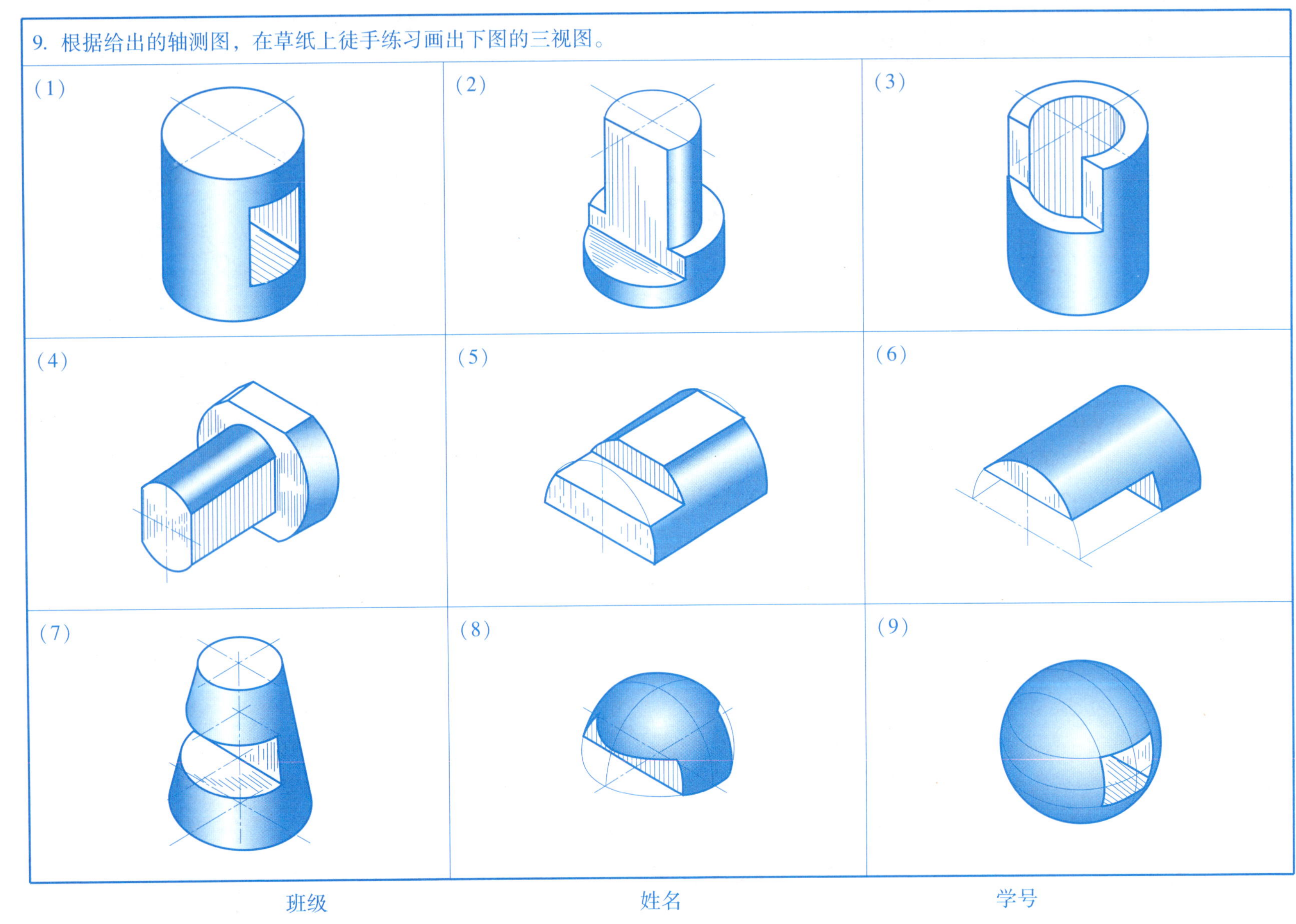

班级　　　　姓名　　　　学号

4.2 相贯线

1. 补画图中所缺的线。

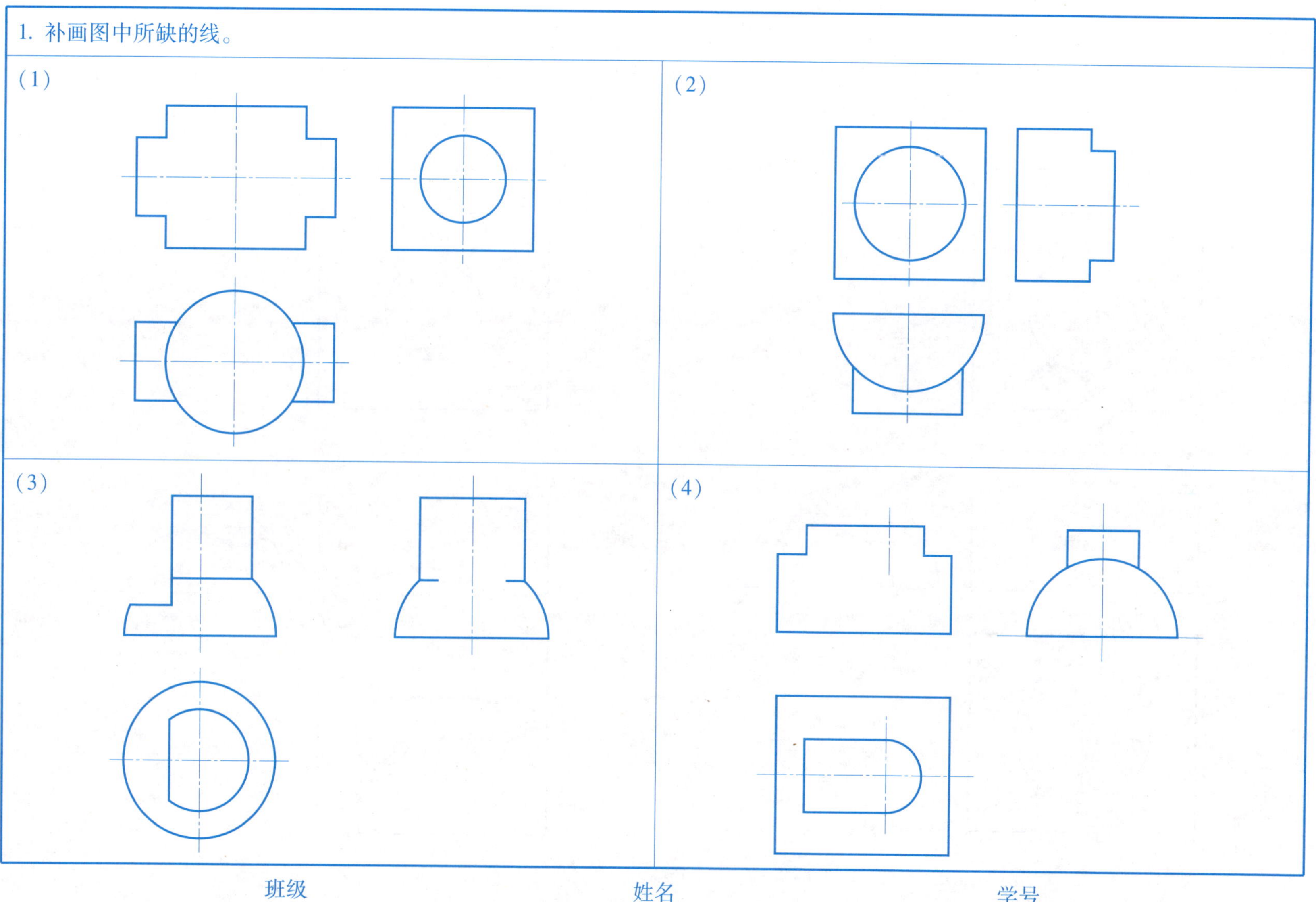

班级　　　　姓名　　　　学号

2. 求作相贯线的投影。

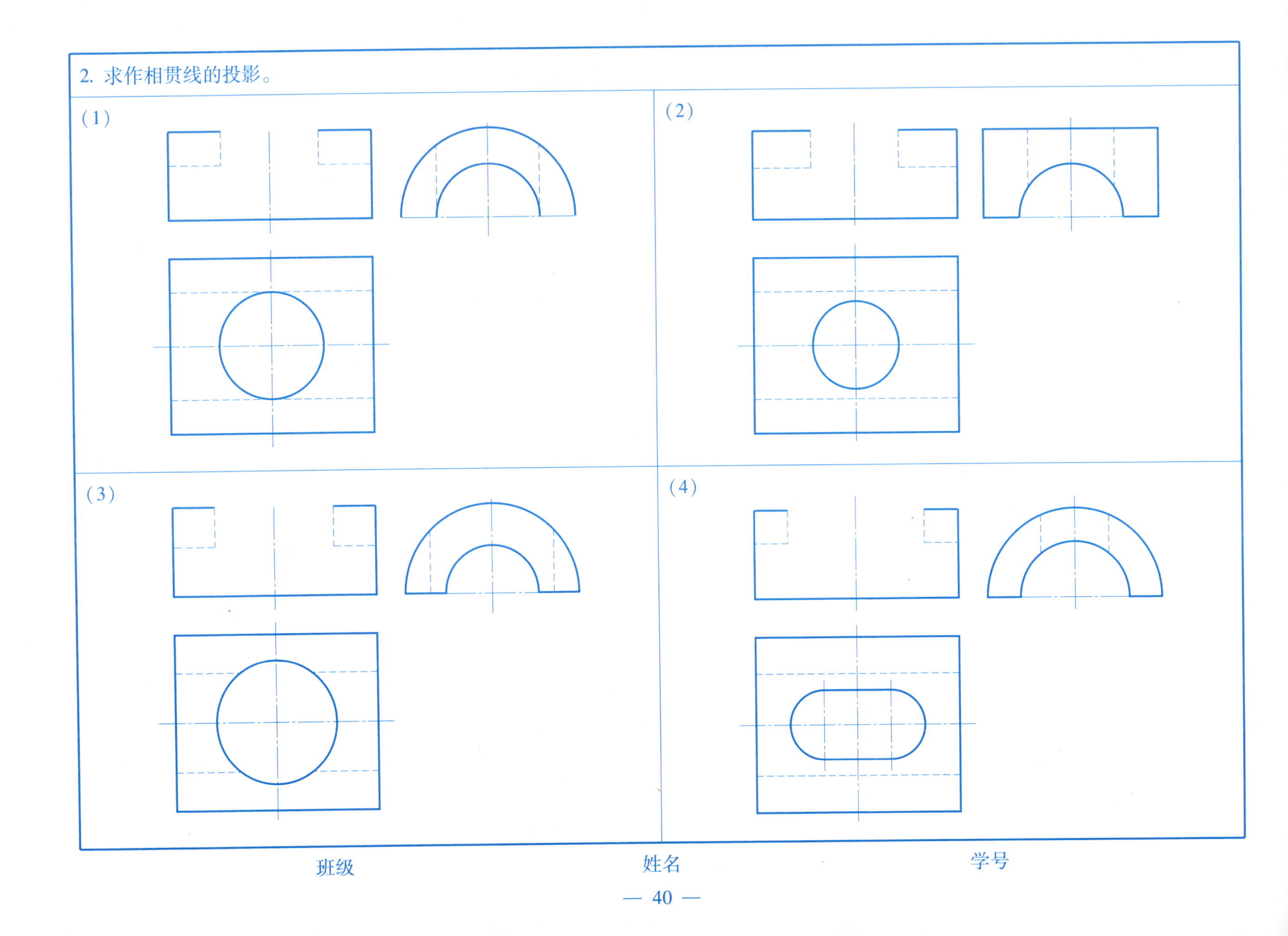

班级　　　　姓名　　　　学号

3. 分析相贯线，并补画所缺视图。

(1)

(2)

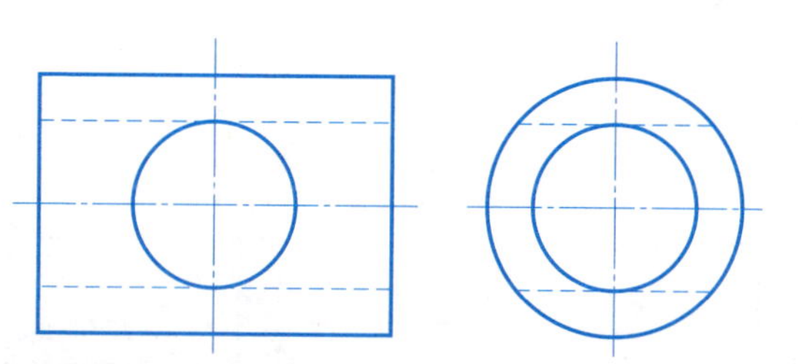

(3)

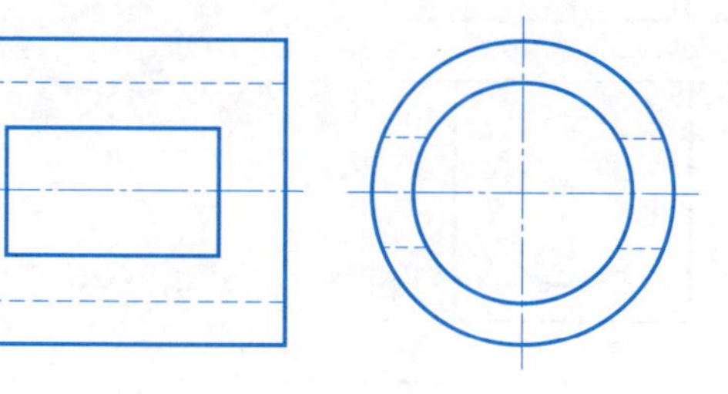

(4)

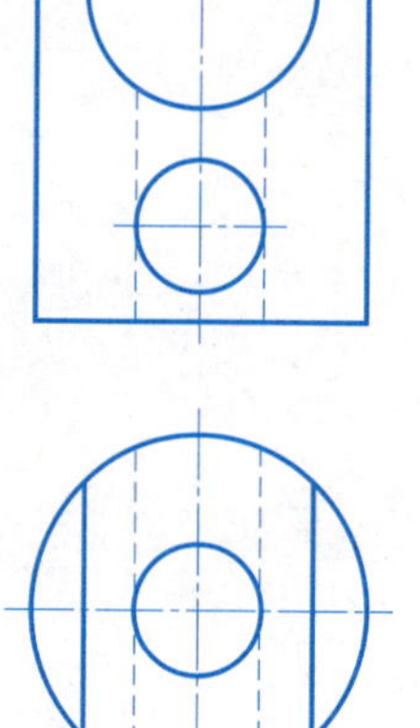

班级 姓名 学号

4. 补全图中所缺的线。

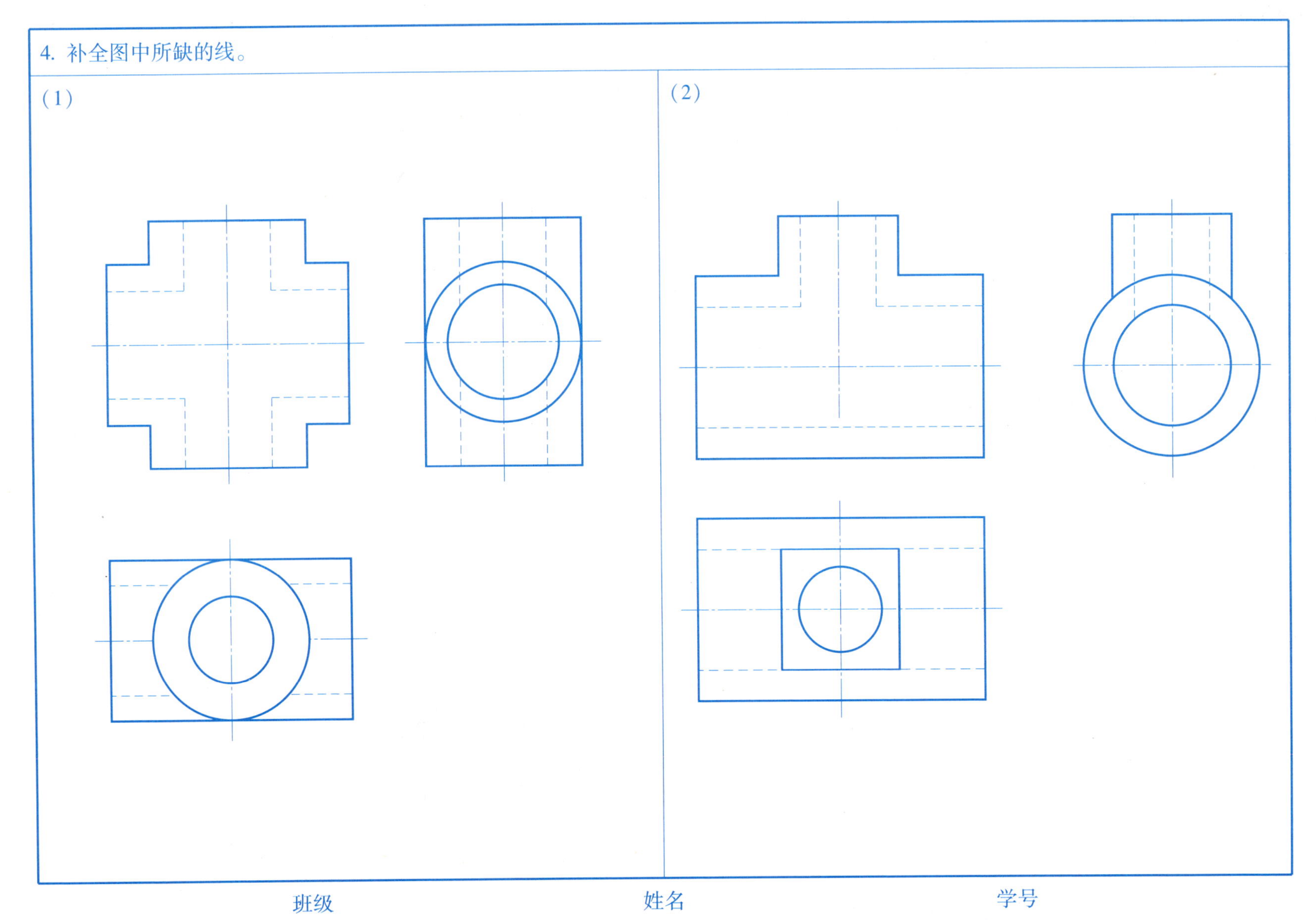

班级　　姓名　　学号

5. 分析相贯线，并补画所缺图线。

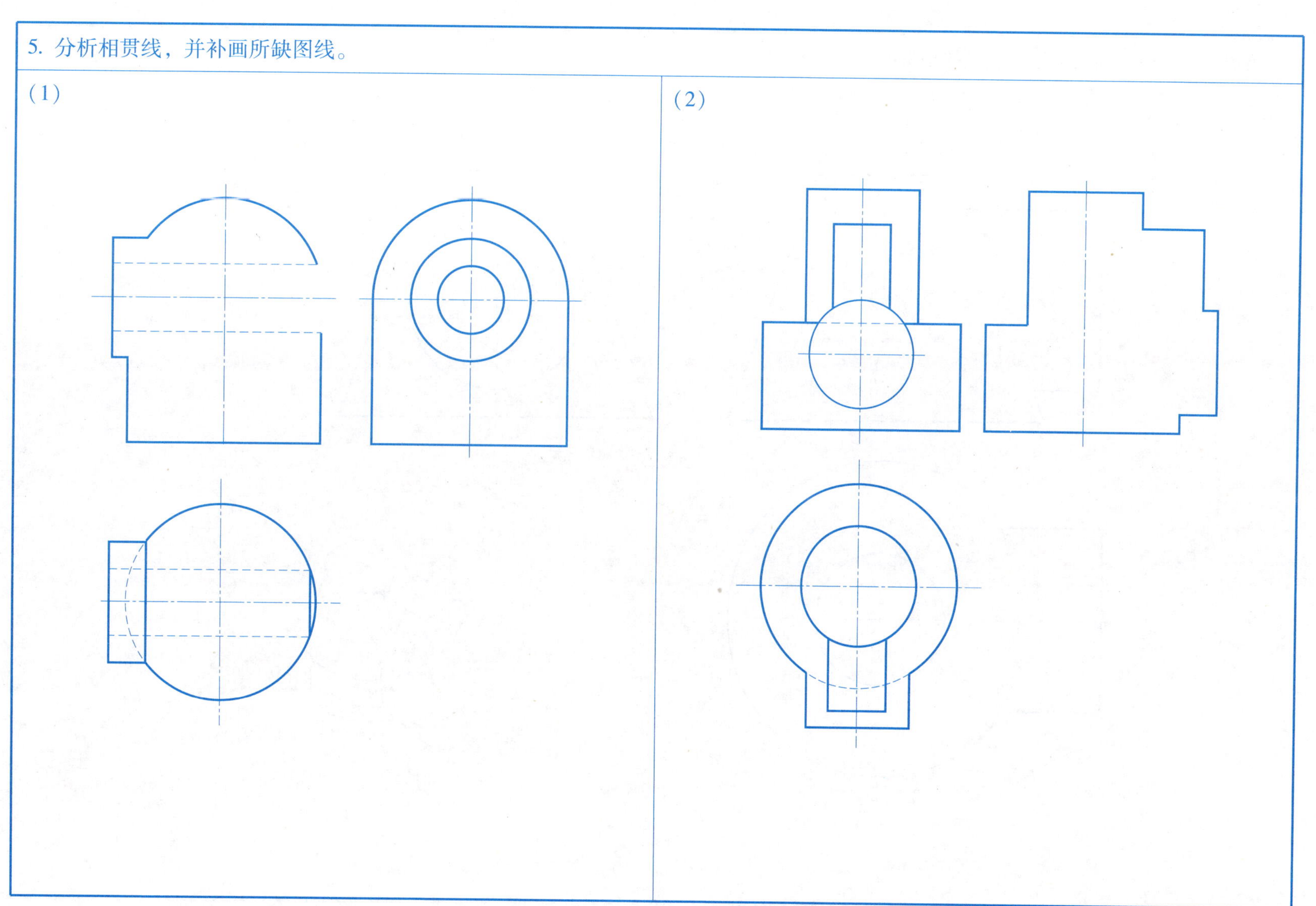

班级　　　　　　　　　　　　姓名　　　　　　　　　　　　学号

6. 用辅助平面法，画出圆柱与圆锥的相贯线。

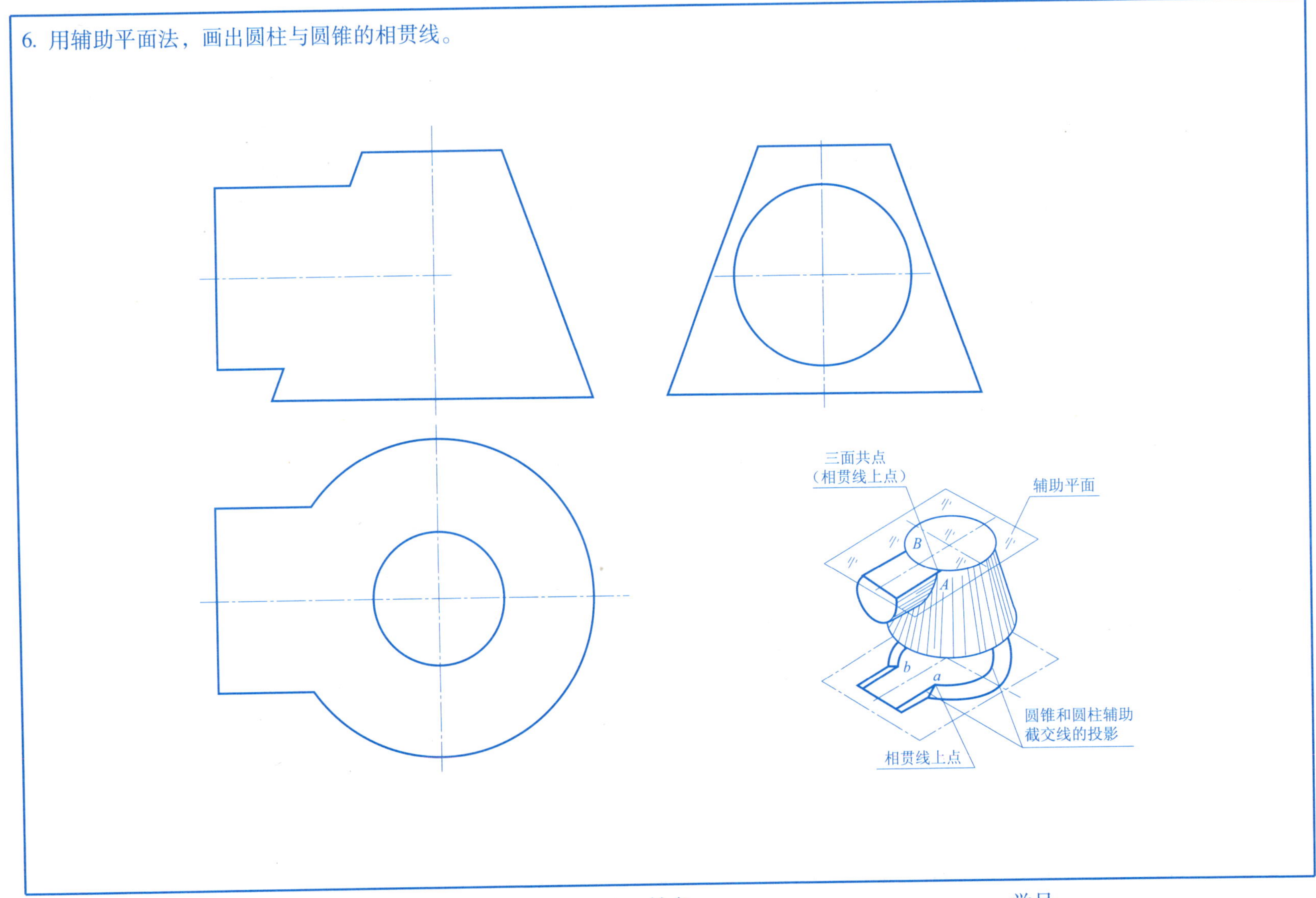

班级　　　　姓名　　　　学号

第 5 章　组合体

5.1　组合体的形体分析

1. 分析各组合体形状的变化，补齐主视图中所缺图线。

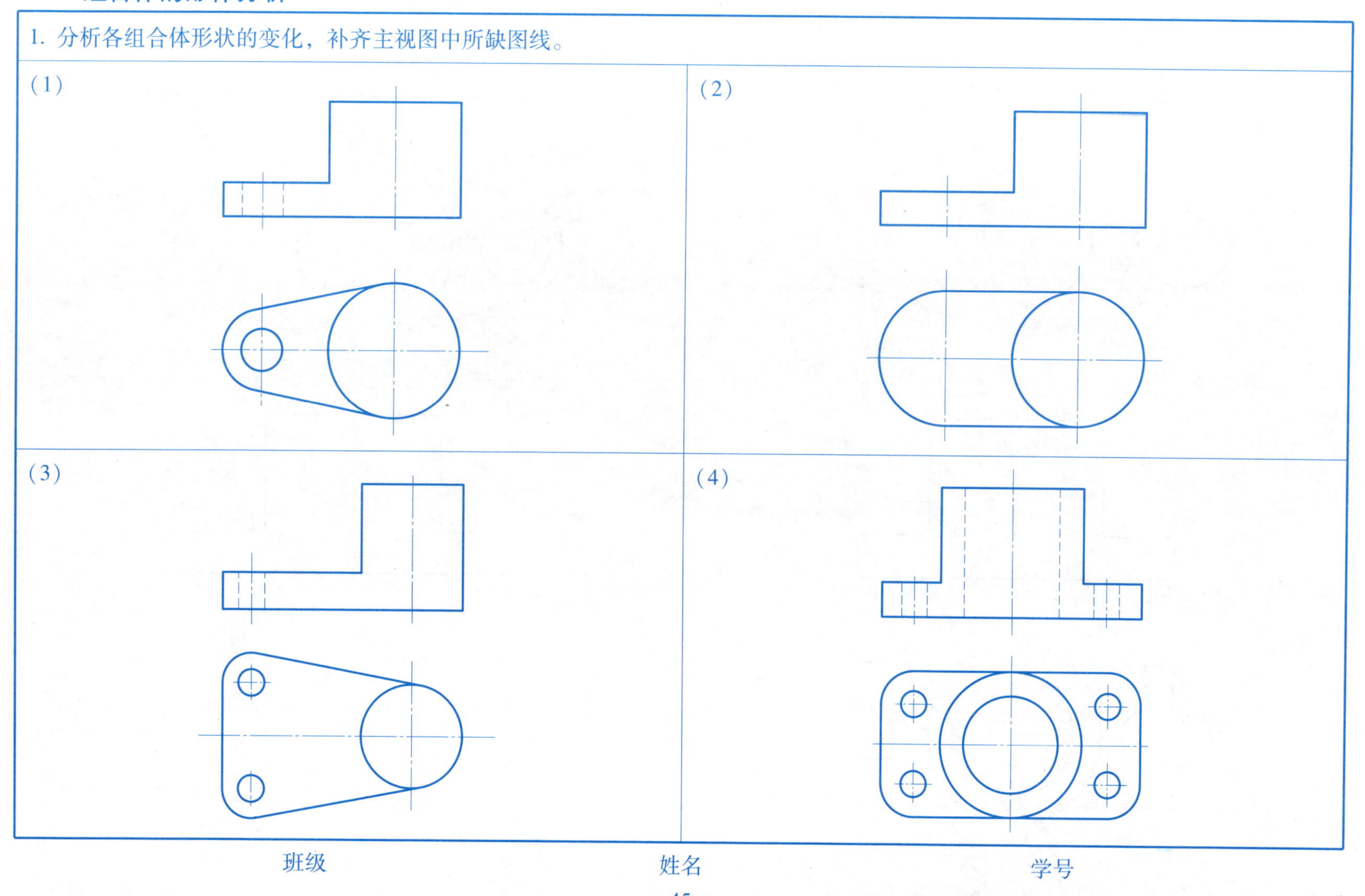

班级　　　　　　　　姓名　　　　　　　　学号

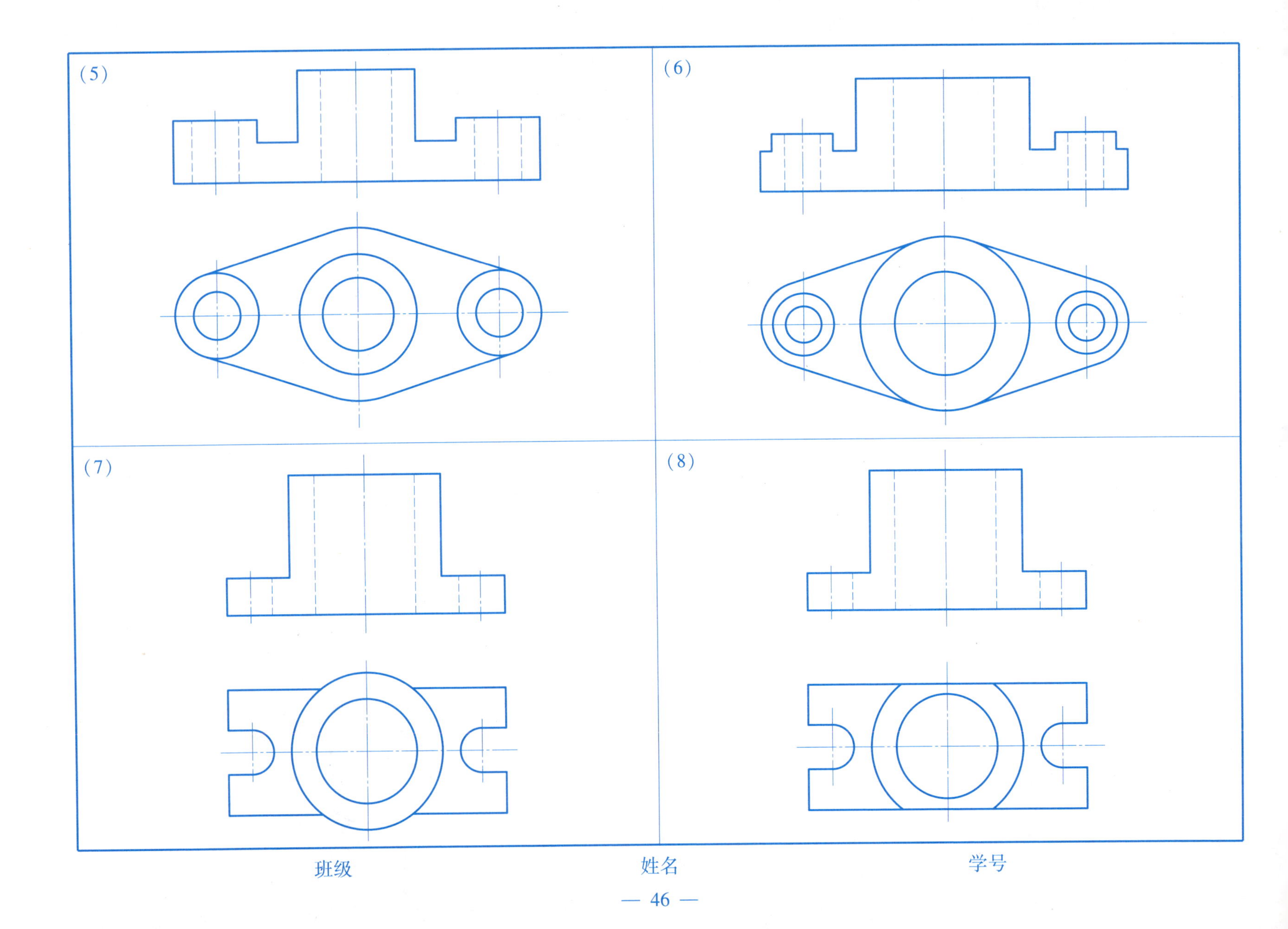

班级 姓名 学号

2. 根据轴测图，补画主视图中所缺的线。

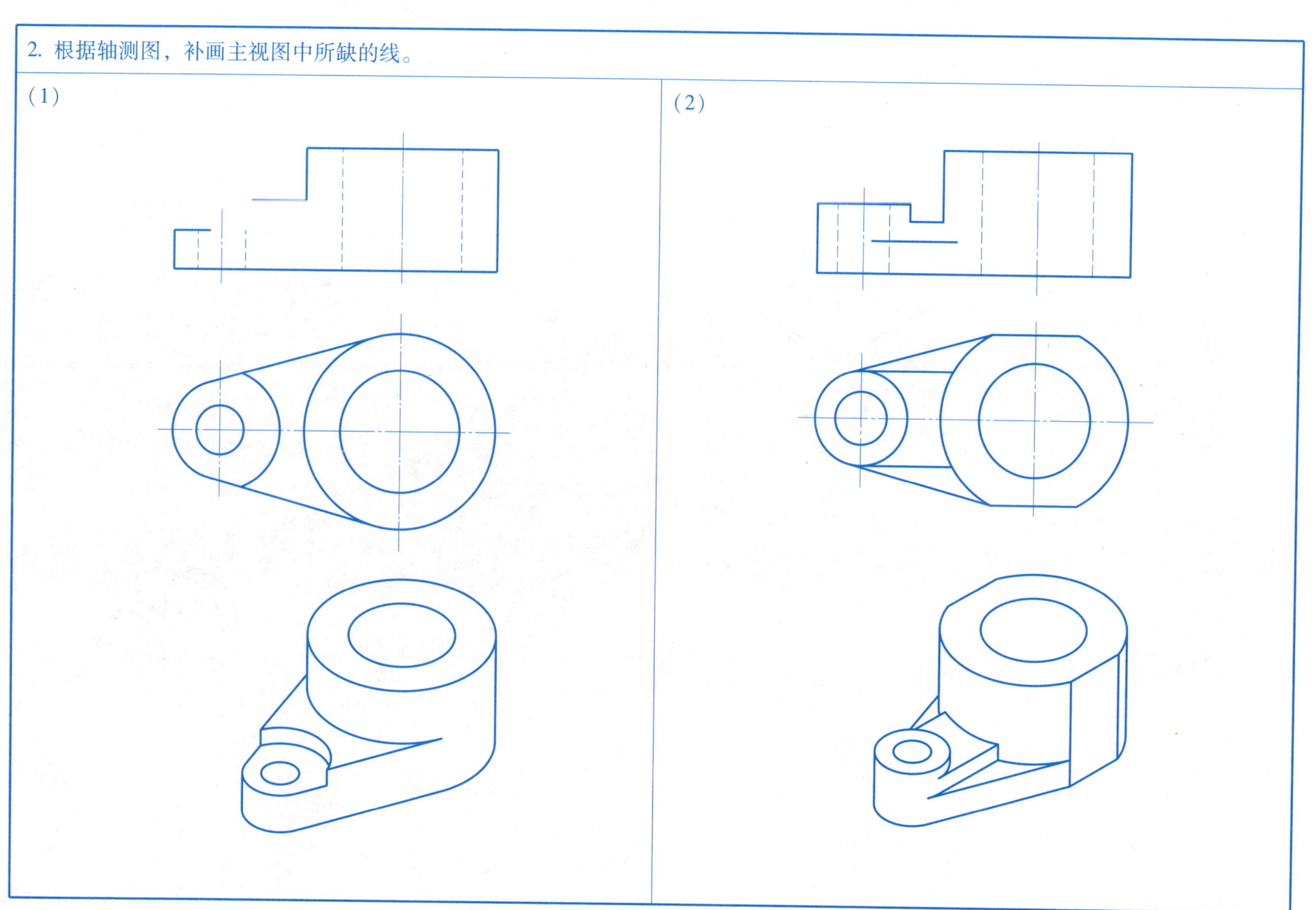

班级　　　　　　　　姓名　　　　　　　　学号

5.2 组合体三视图的画法

1. 根据轴测图，画组合体的三视图（尺寸从图中量取）。

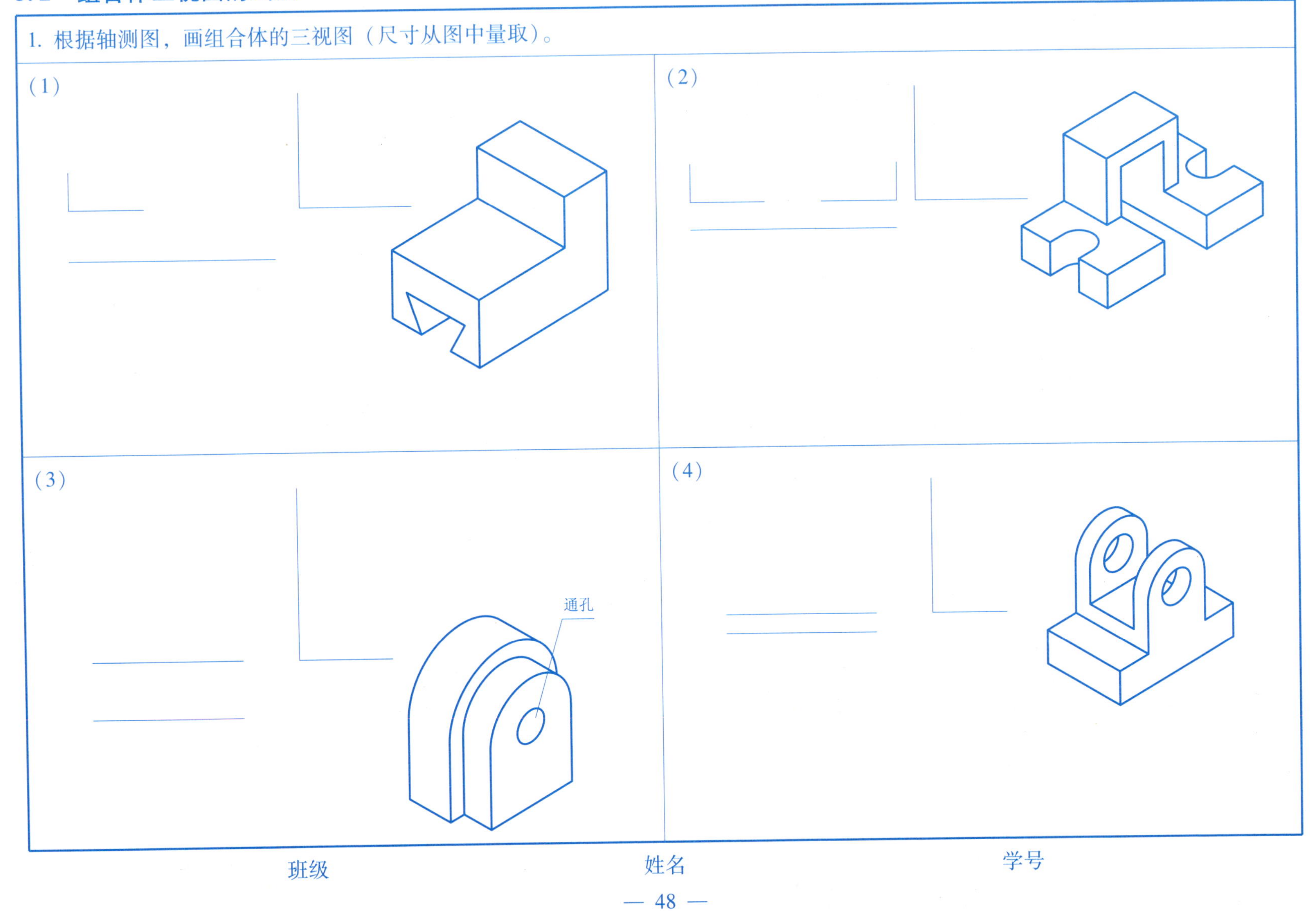

班级　　　　　　　　姓名　　　　　　　　学号

2. 根据轴测图，按 1：1 比例绘制组合体三视图。

（1）

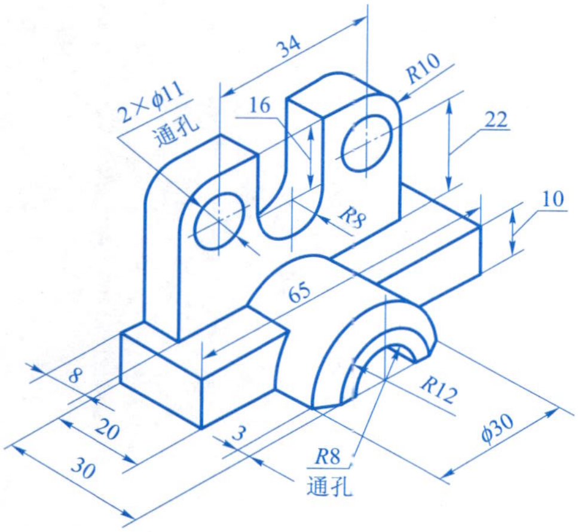

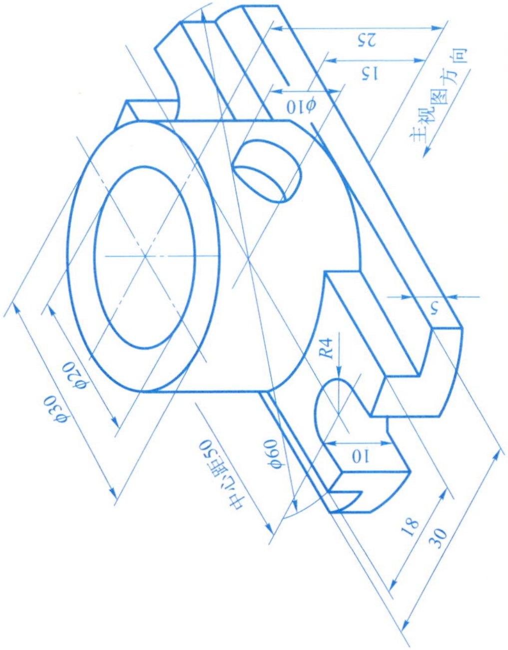

(2)

班级　　　　姓名　　　　学号

5.3 组合体的读图方法

1. 根据所给两个视图，补画第三视图。

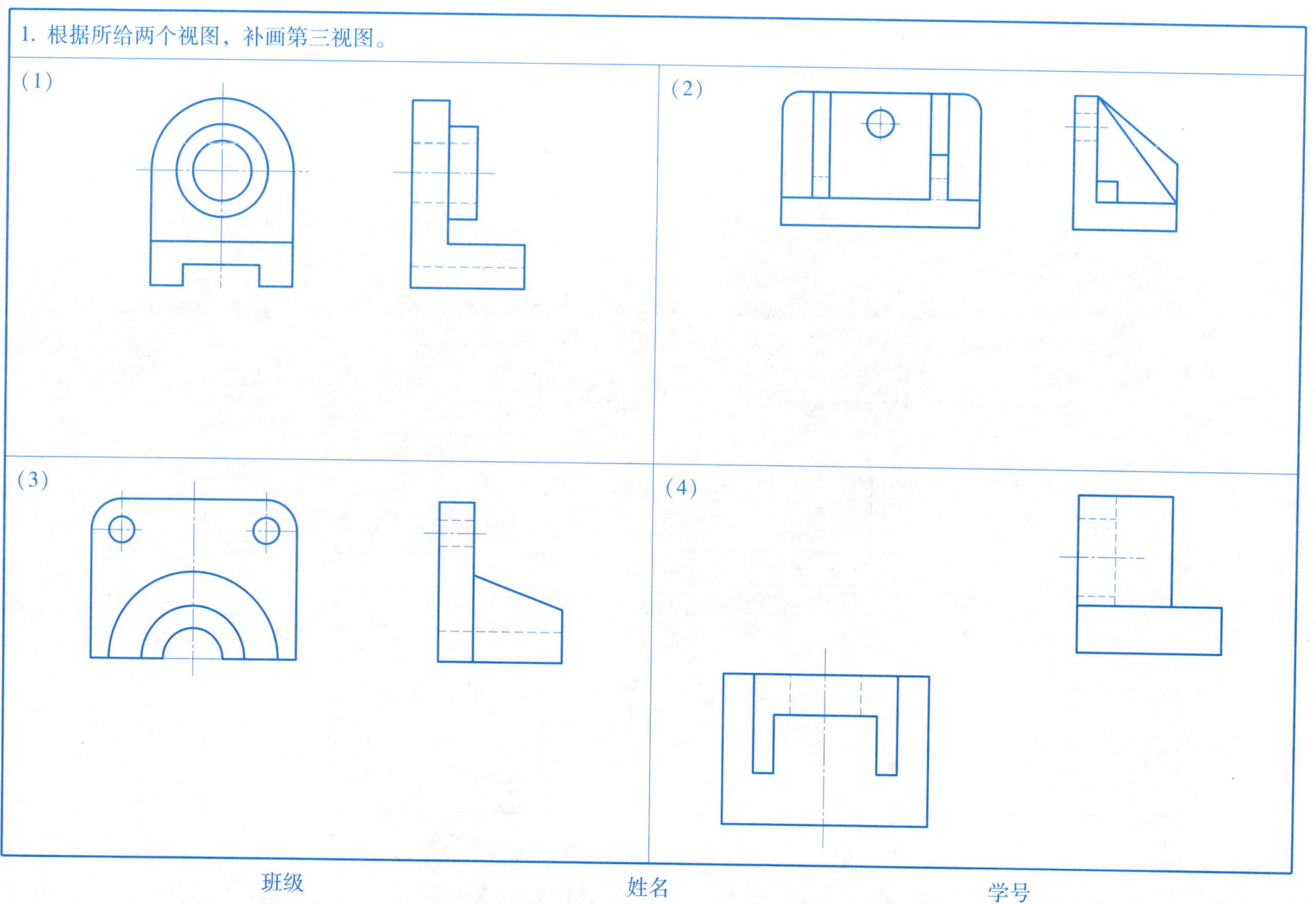

班级　　　　姓名　　　　学号

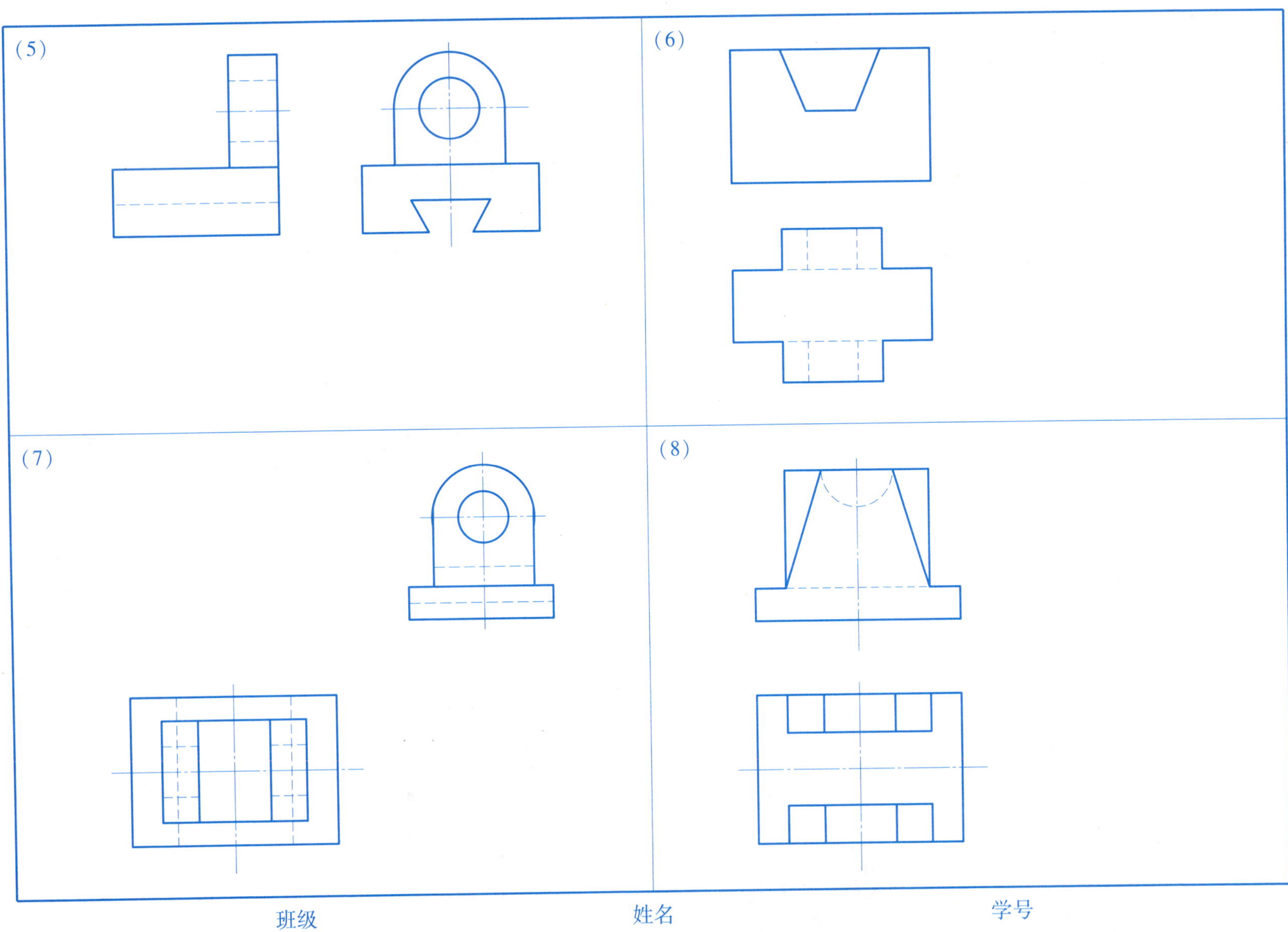

班级　　　　　　　　姓名　　　　　　　　学号

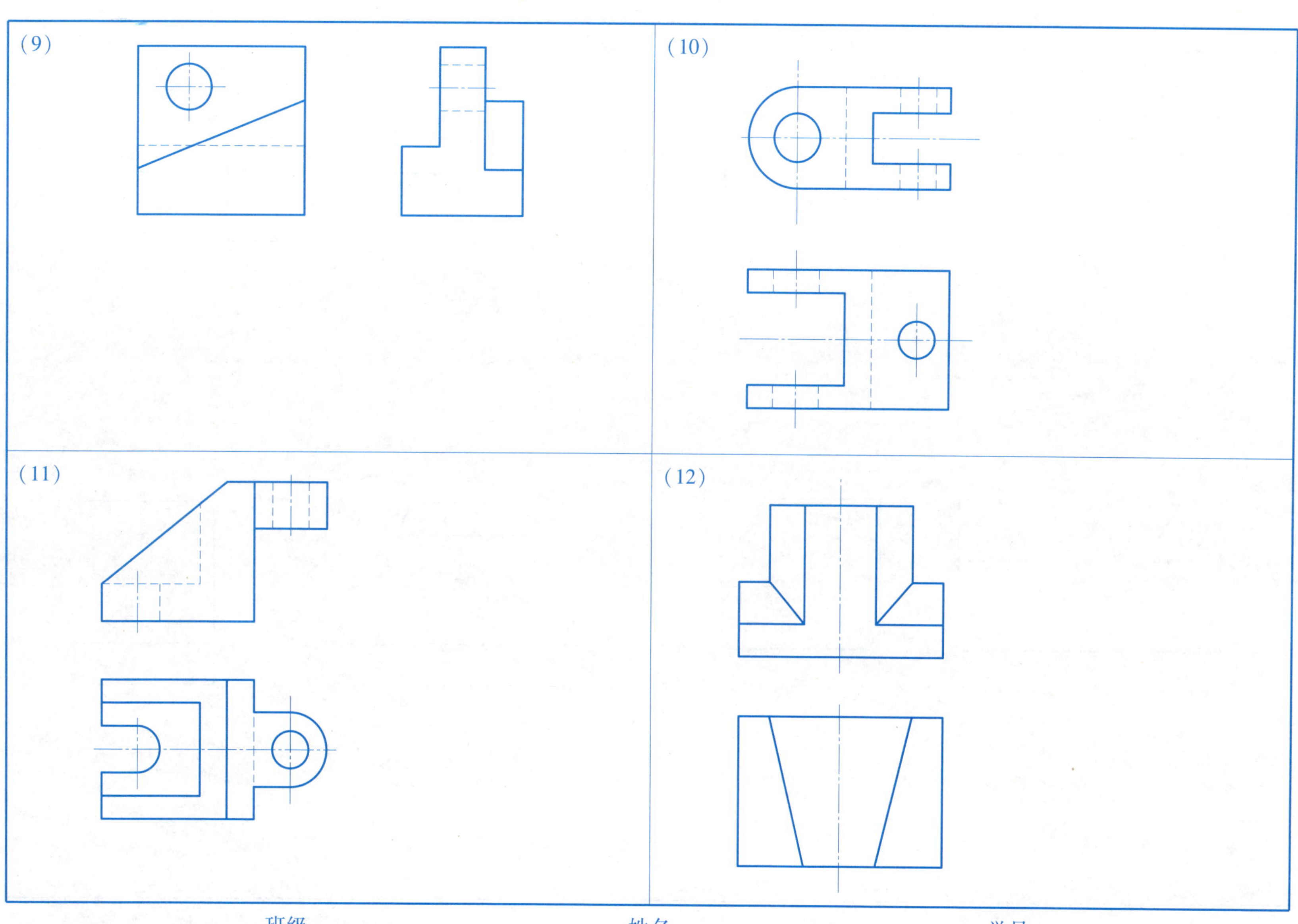

班级 姓名 学号

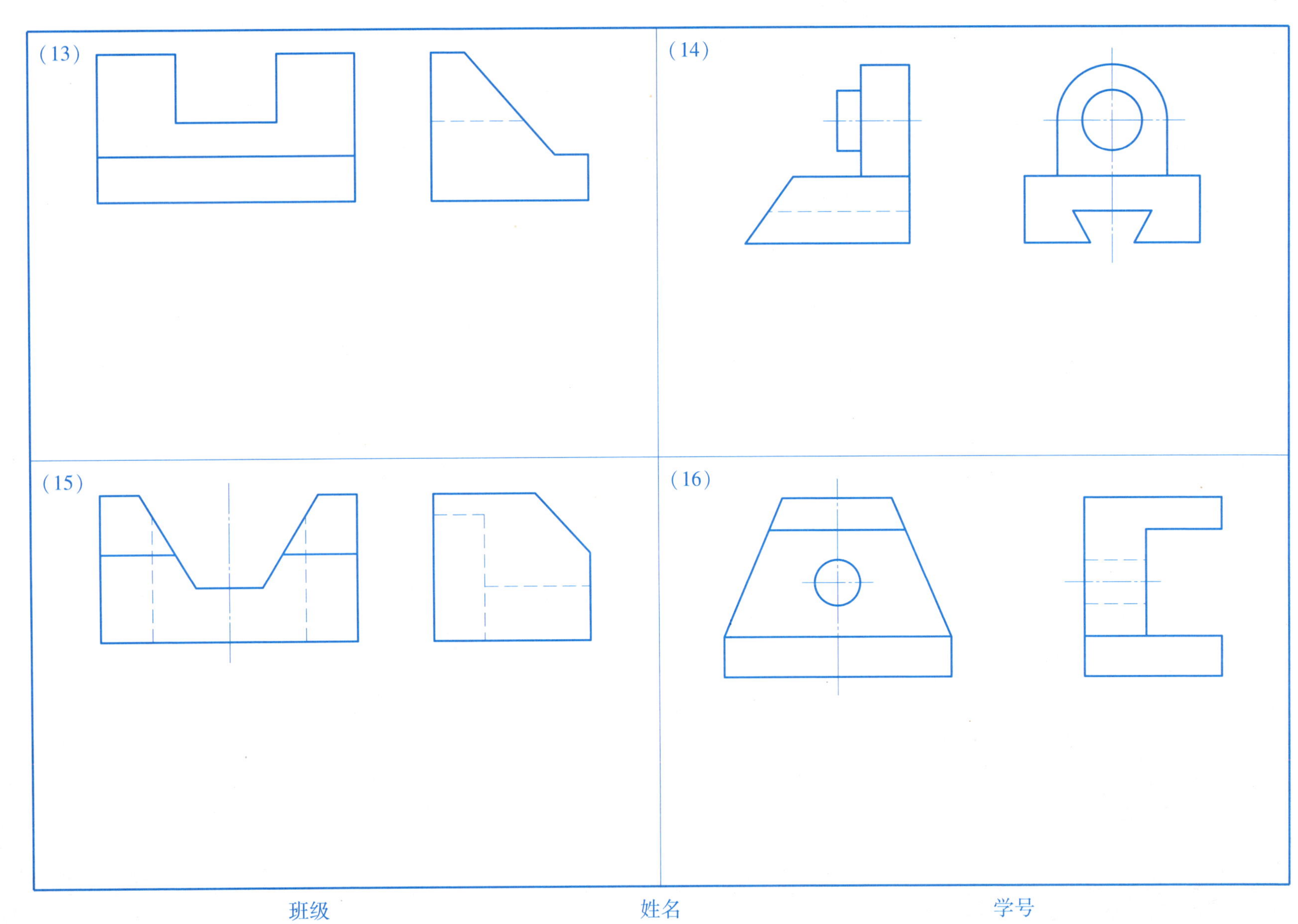

班级　　　　姓名　　　　学号

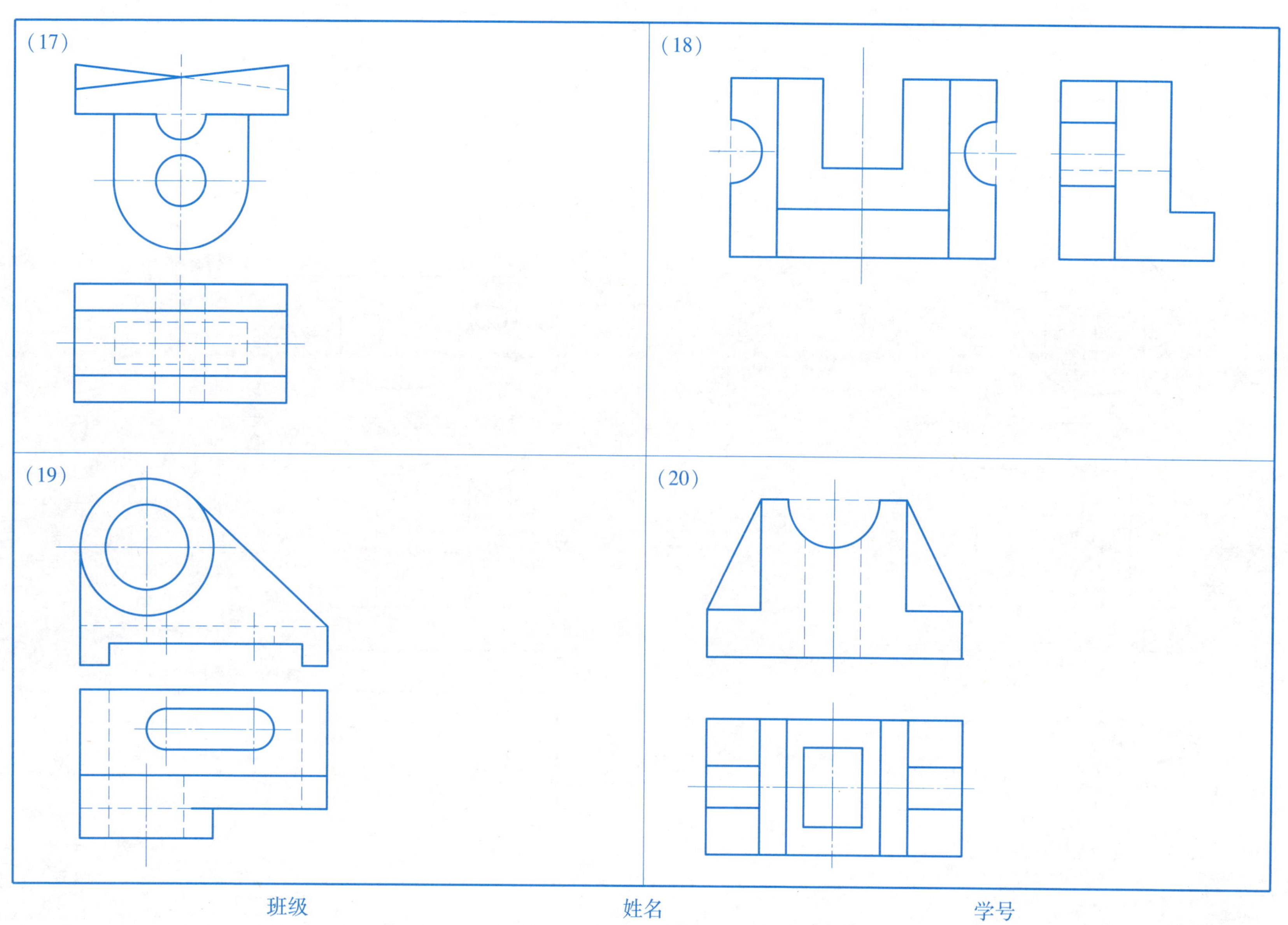

班级 姓名 学号

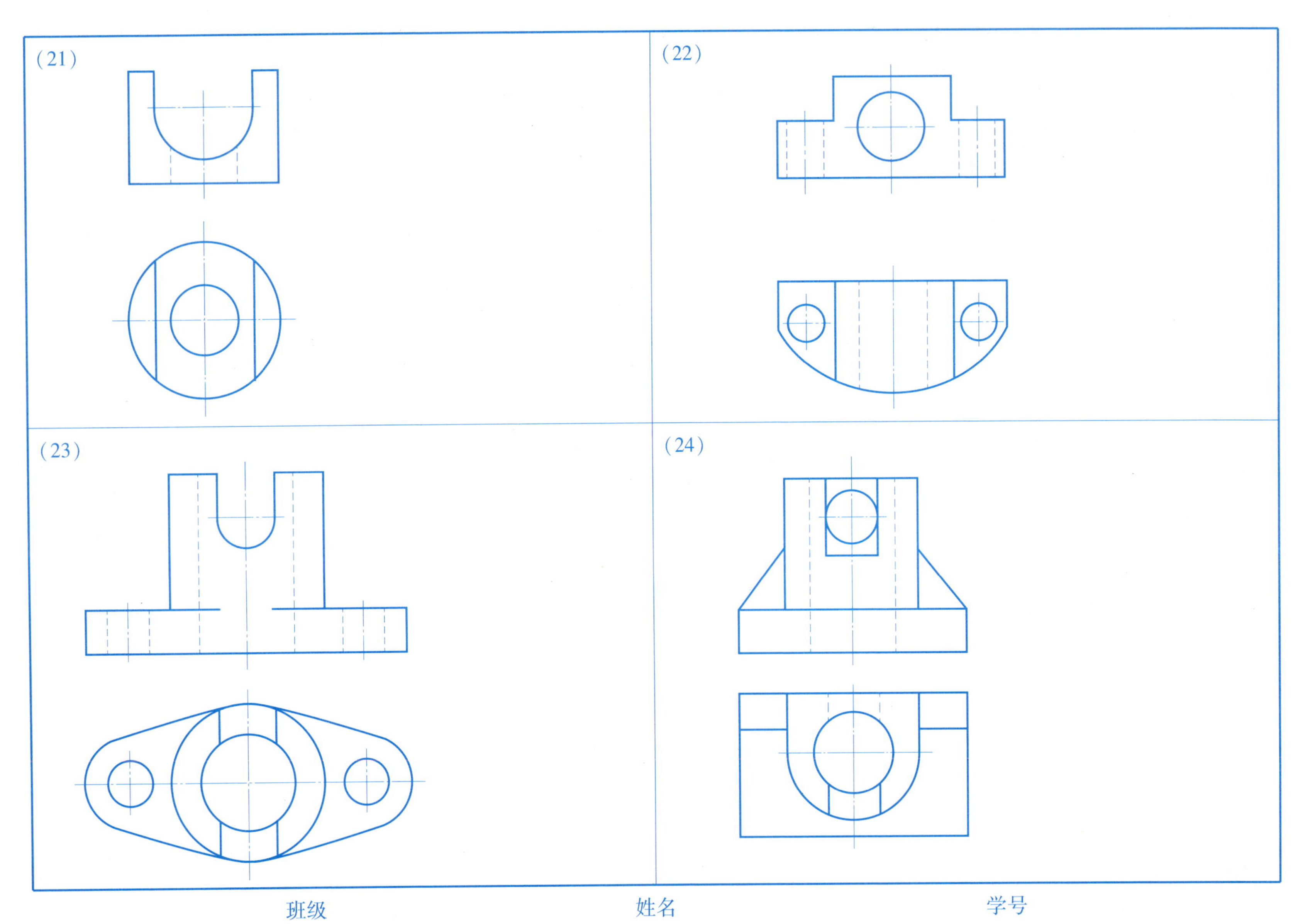

班级　　姓名　　学号

2. 根据轴测图，补画三视图中所缺图线。

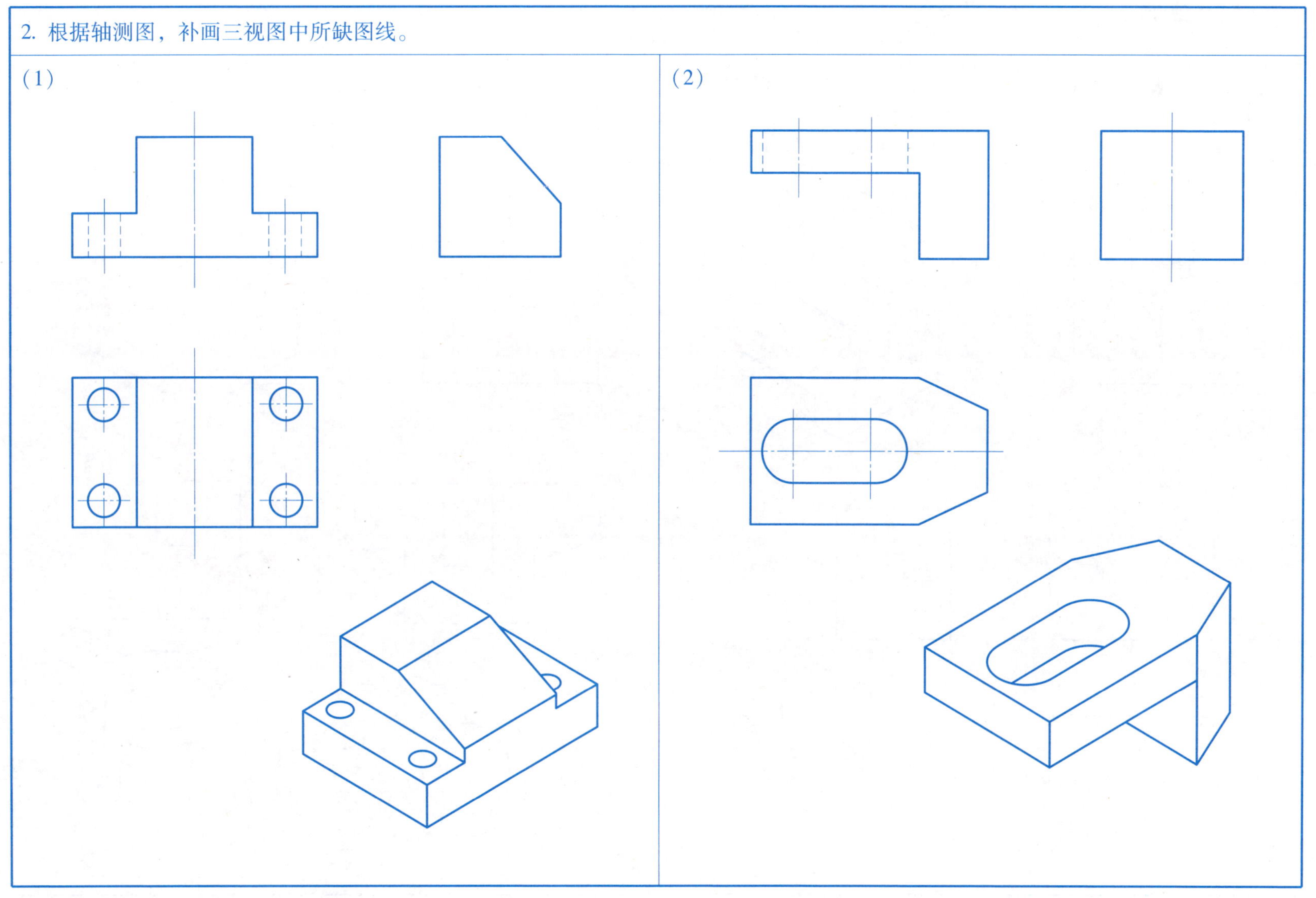

班级　　　　　　　　　　姓名　　　　　　　　　　学号

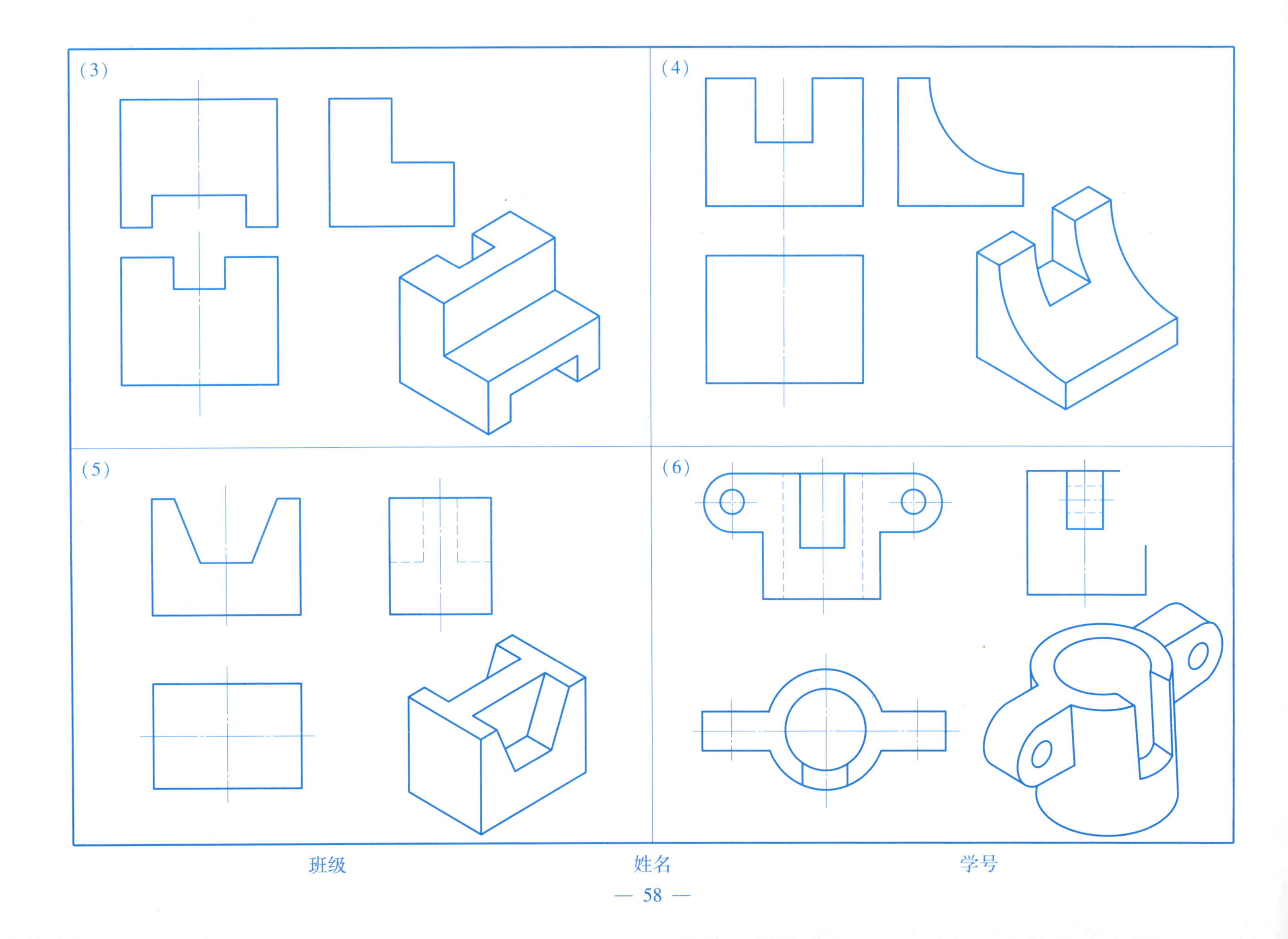

班级 姓名 学号

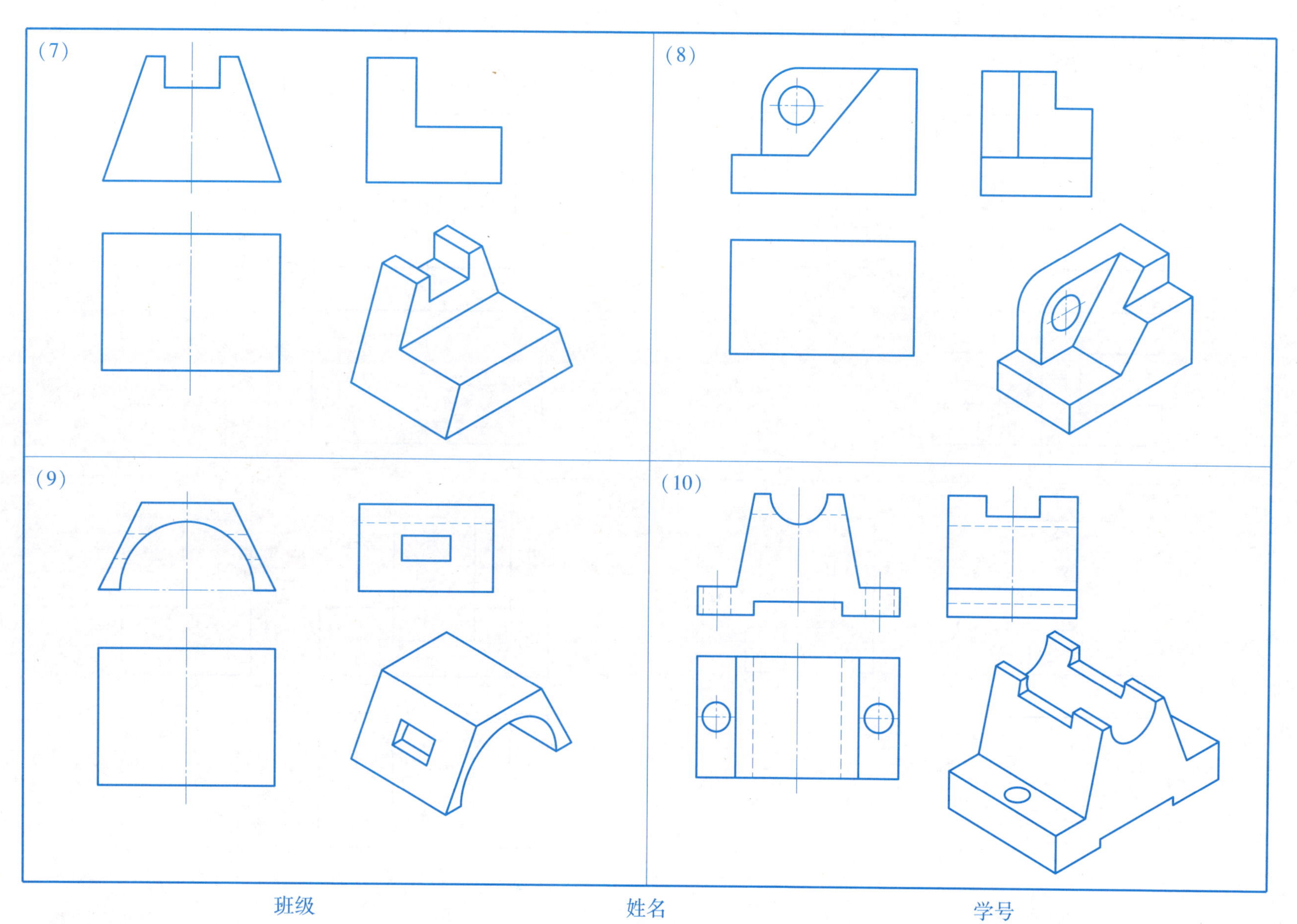

班级　　　　姓名　　　　学号

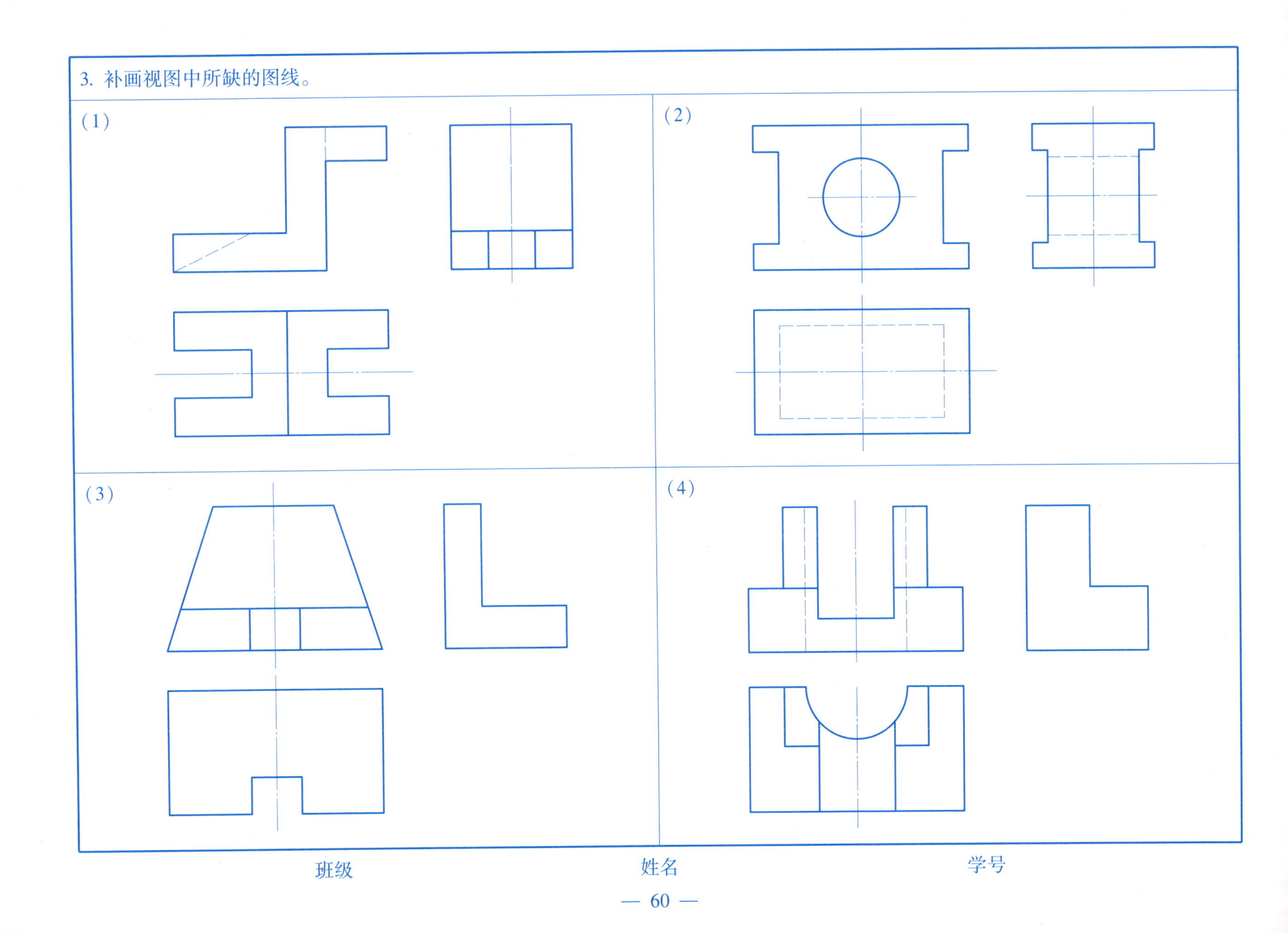

班级 姓名 学号

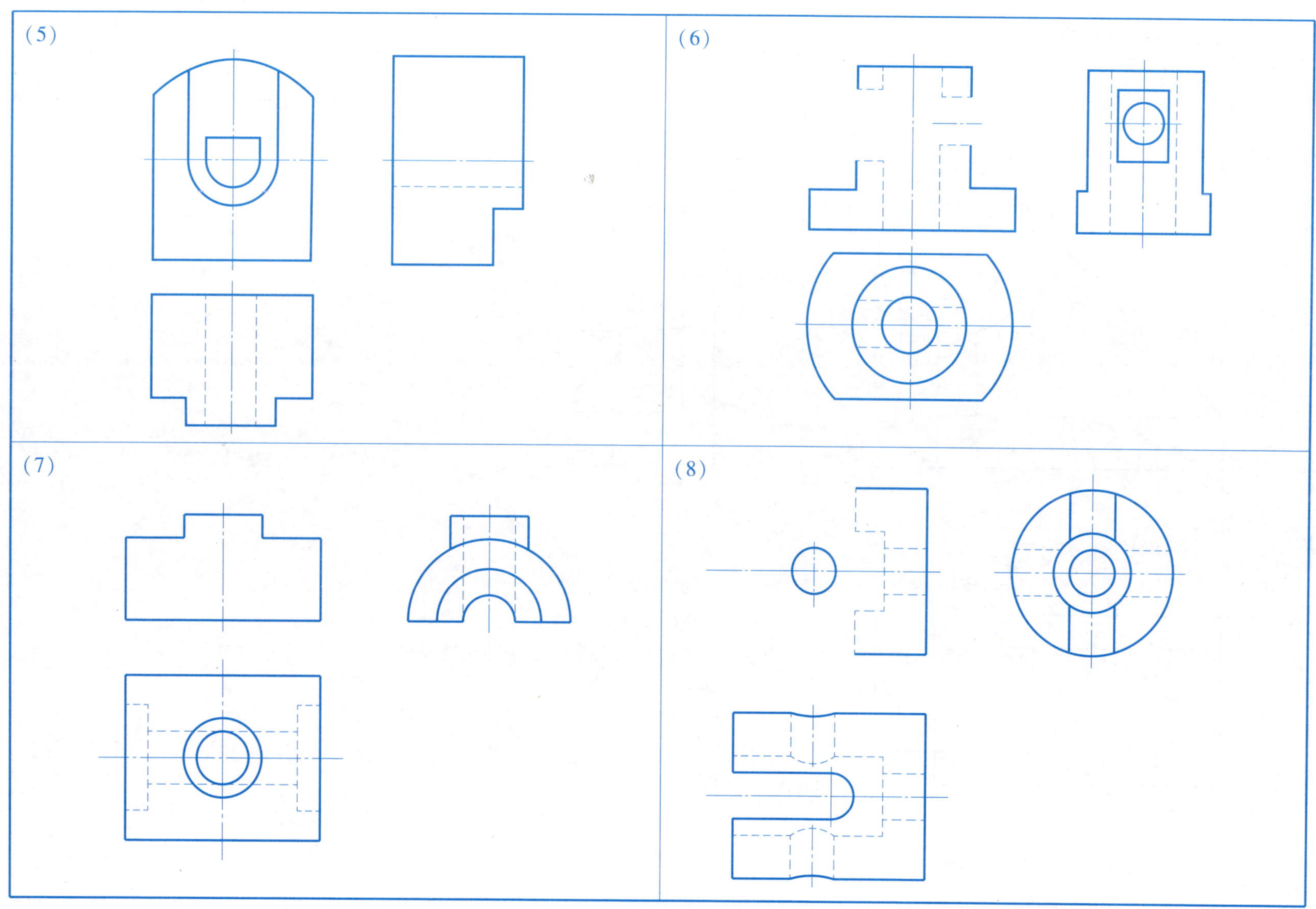

班级　　　　姓名　　　　学号

5.4 组合体的尺寸标注

1. 看懂支架三视图，分析尺寸，并填空。

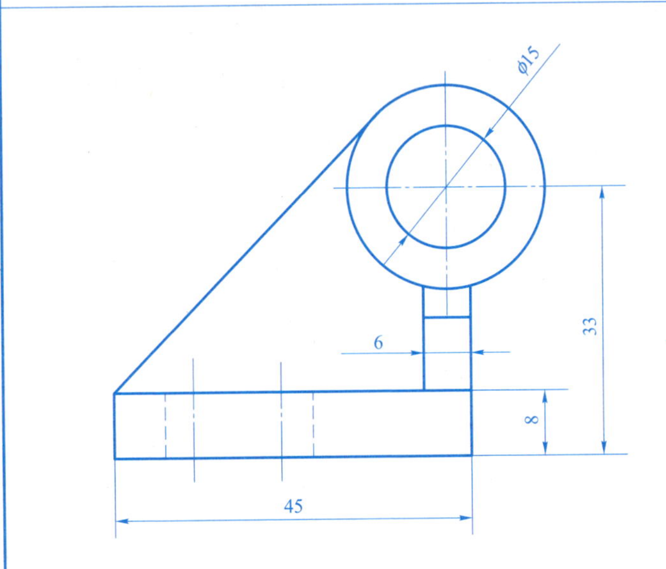

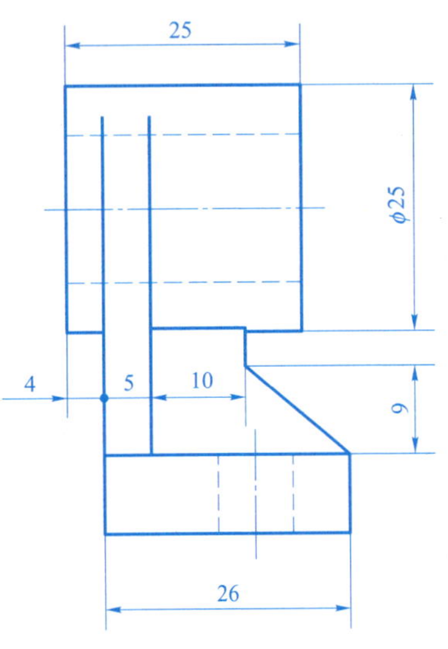

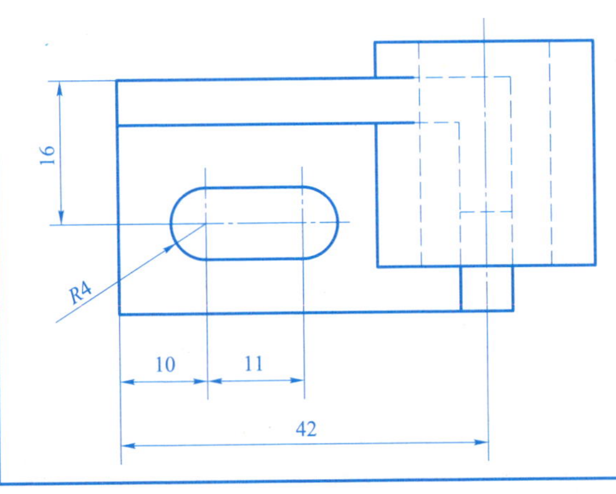

（1）圆筒的定形尺寸为____、____和____。

（2）底板的定形尺寸为____、____和____。

（3）支架的底面是____方向的尺寸基准。

（4）支架 $\phi15$ 孔的轴线是____方向的尺寸基准。

（5）后支板和底板的后面是共面的，这个面是____方向的尺寸基准。

（6）圆筒的高度方向定位尺寸是____；宽度方向定位尺寸是____；长度方向定位尺寸是____。

（7）底板上长圆孔的定形尺寸是____和____；定位尺寸是____和____。

班级　　　　姓名　　　　学号

2. 指出视图中尺寸标注上的错误（在错的尺寸处打叉），并补全正确的尺寸标注。

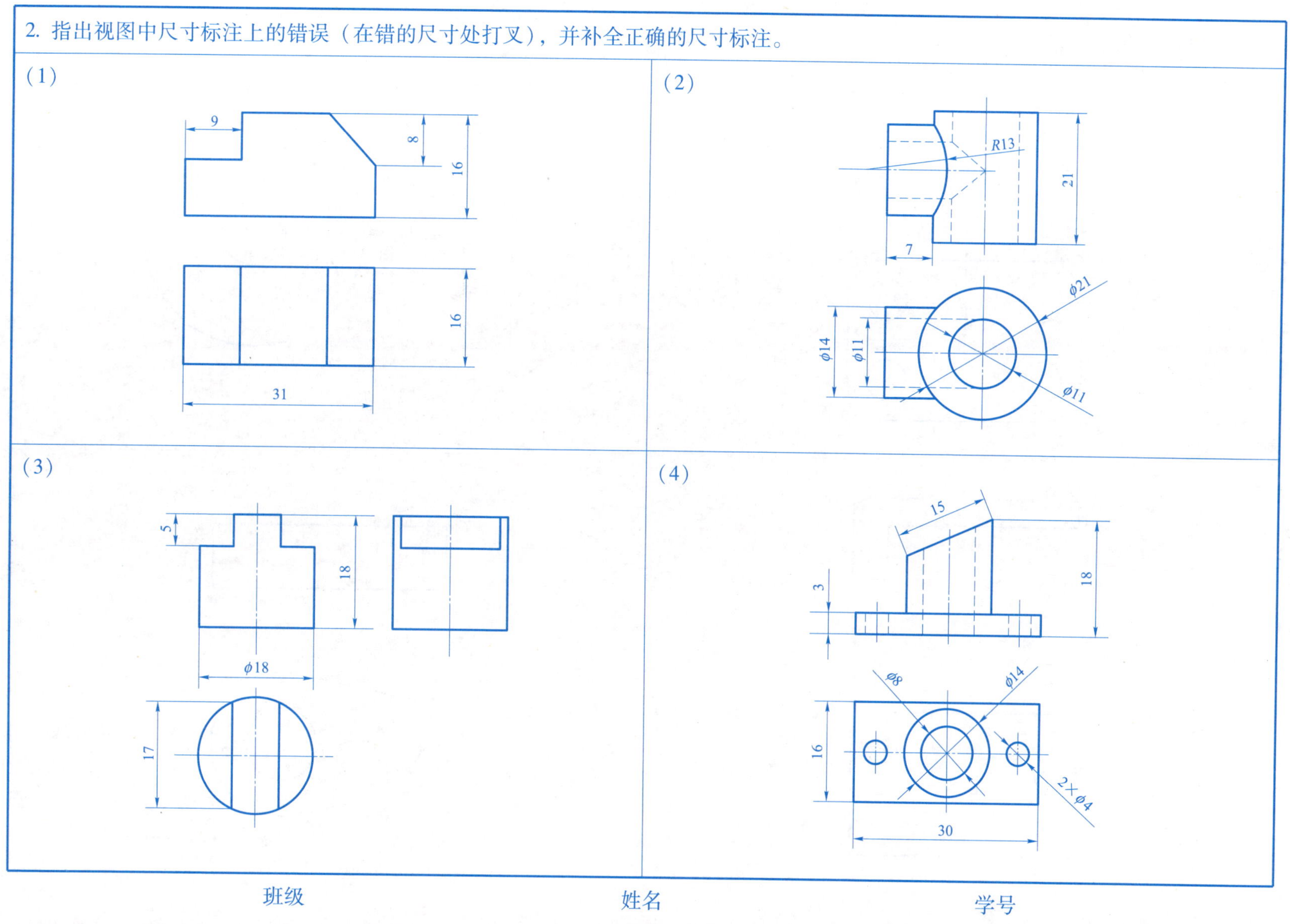

班级　　　　　　姓名　　　　　　学号

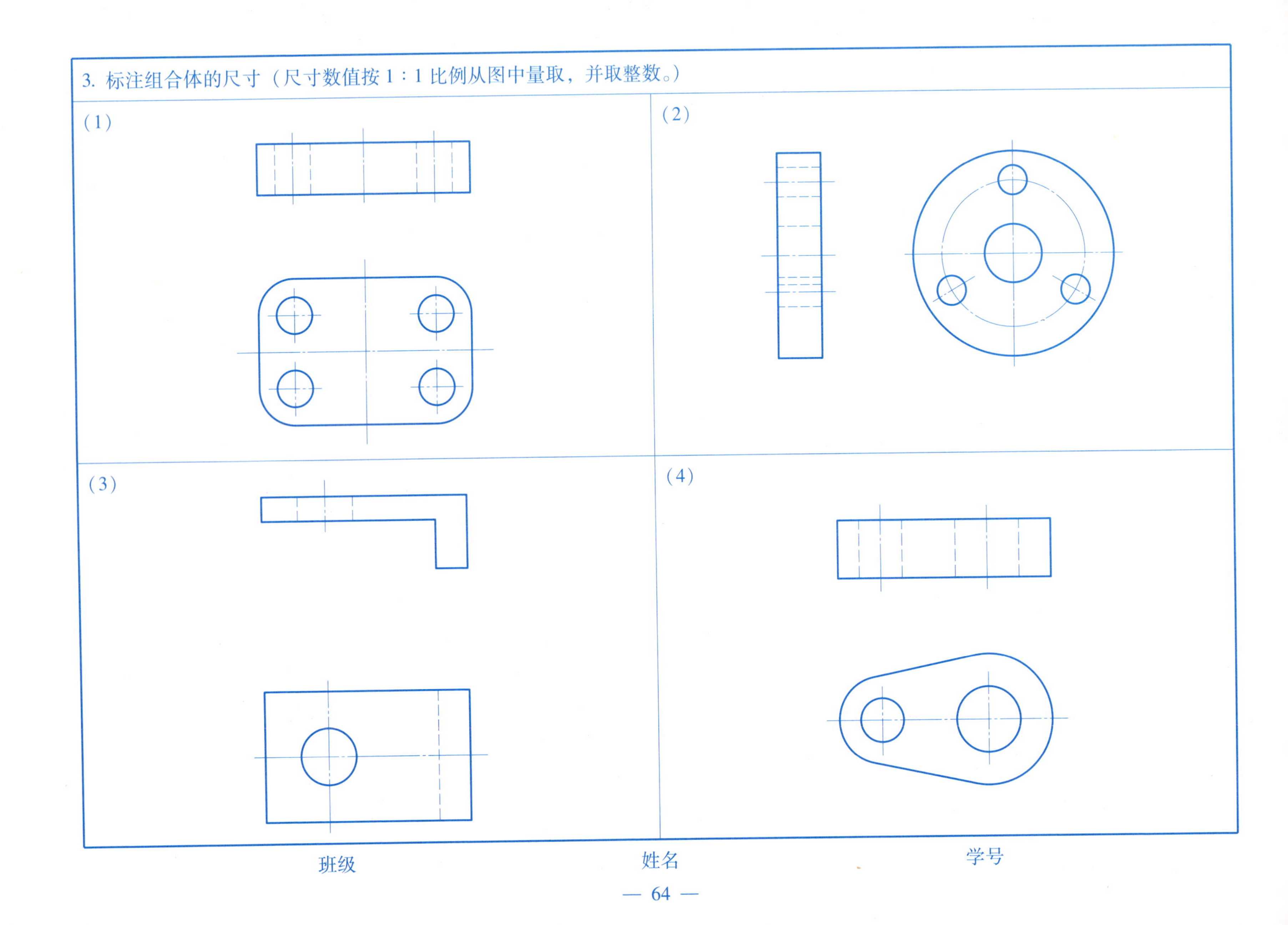
3. 标注组合体的尺寸（尺寸数值按 1：1 比例从图中量取，并取整数。）
（1）
（2）
（3）
（4）
班级
姓名
学号

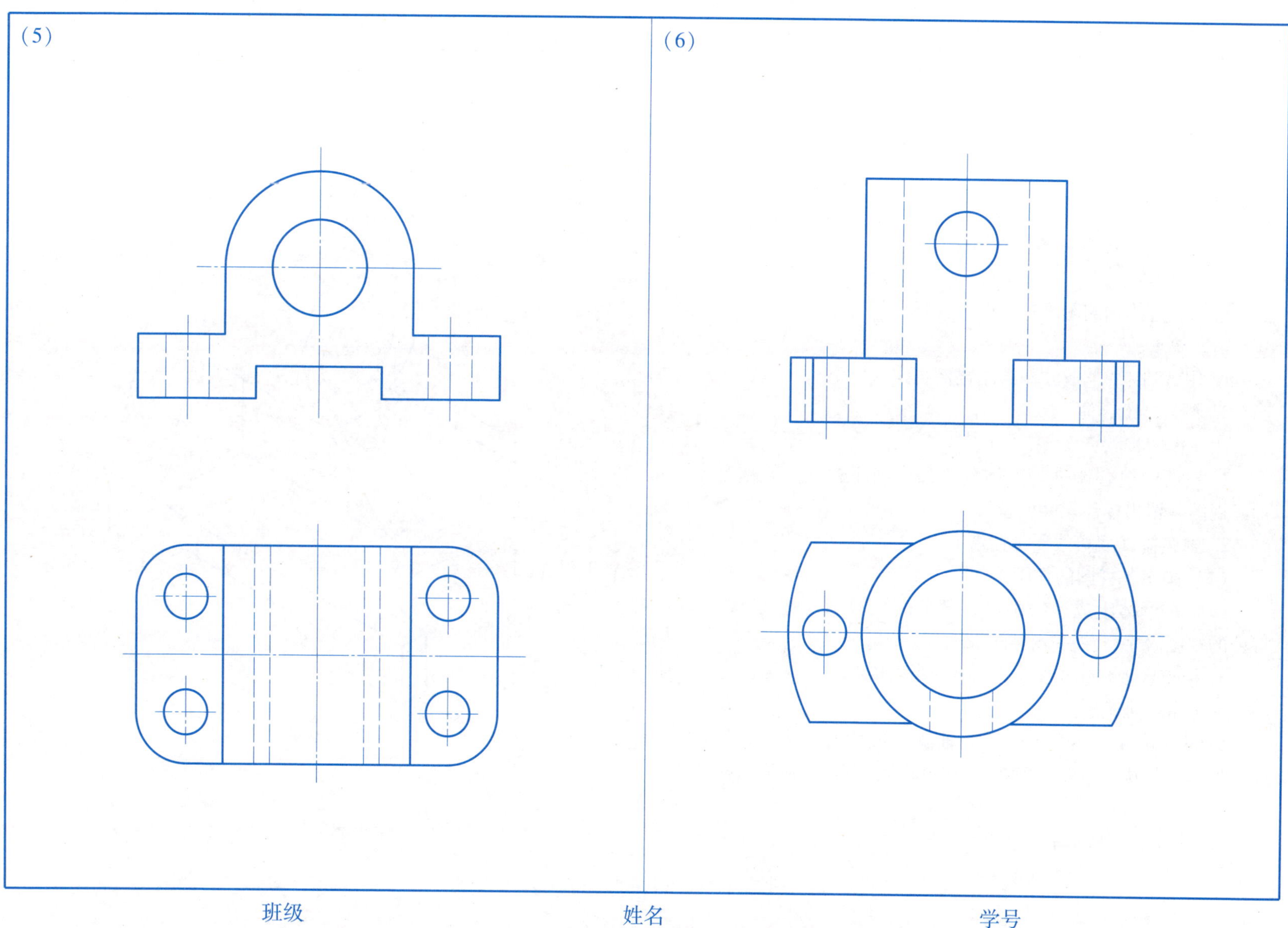

班级　　姓名　　学号

大作业：根据轴测图，画三视图。

作业指导

一、目的：

1. 掌握由组合体轴测图画三视图的方法，提高绘图技能；

2. 练习组合体视图的尺寸标注。

二、内容：

根据组合体轴测图画三视图，并标注尺寸。

三、要求：

1. 用 A3 图纸，横放，绘图比例自定。

2. 图名：组合体。

四、作图步骤：

1. 对所给组合体进行形体分析，选择主视图，匀称布置三视图，留出标注尺寸的位置；

2. 画底稿（底稿线要细而淡）。

（1）画出各视图的作图基准线。

（2）按形体组成逐块画出各部分的三视图。应从反映特征的视图着手，注意交线的投影。

3. 检查底稿、修正错误，擦掉多余图线。

4. 用铅笔加深全图。

5. 标注尺寸。注意不要照搬轴测图尺寸的注法，必须运用形体分析法，重新考虑各尺寸的配置，避免多注或漏注尺寸。

6. 用标准字体填写标题栏。

1.

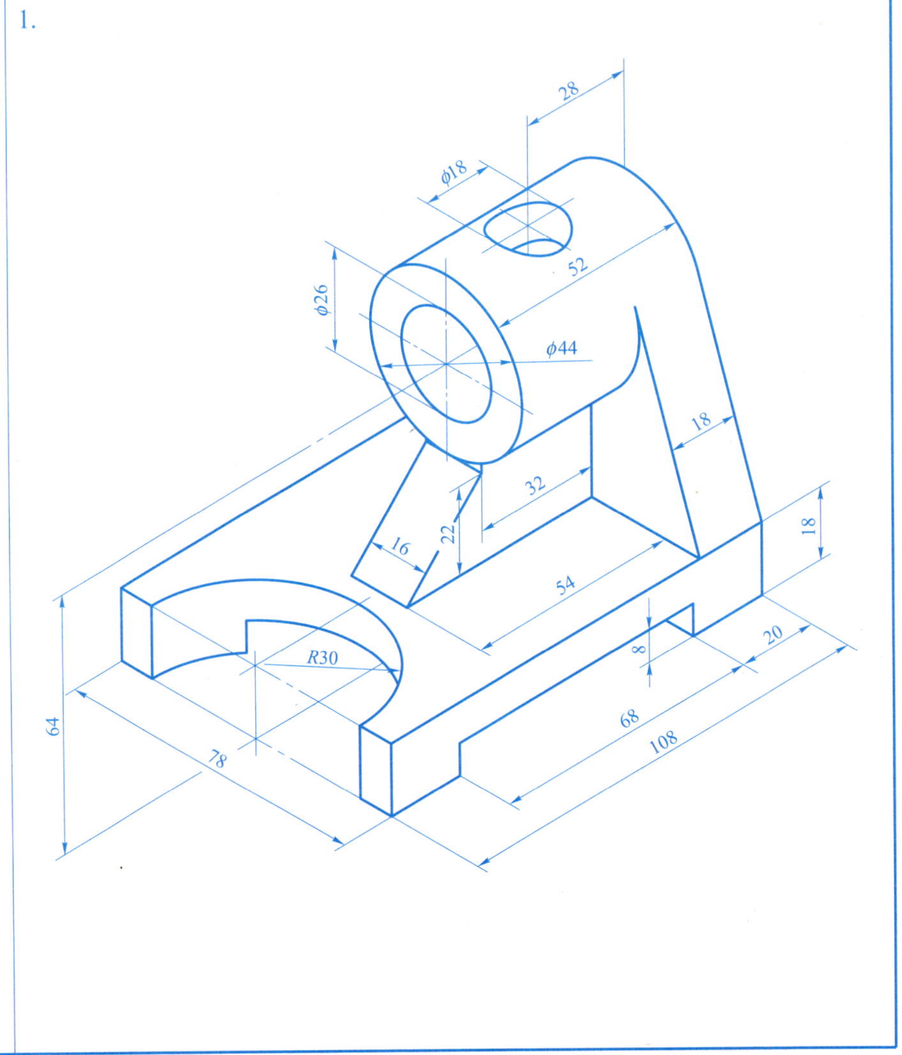

班级　　　　姓名　　　　学号

2.

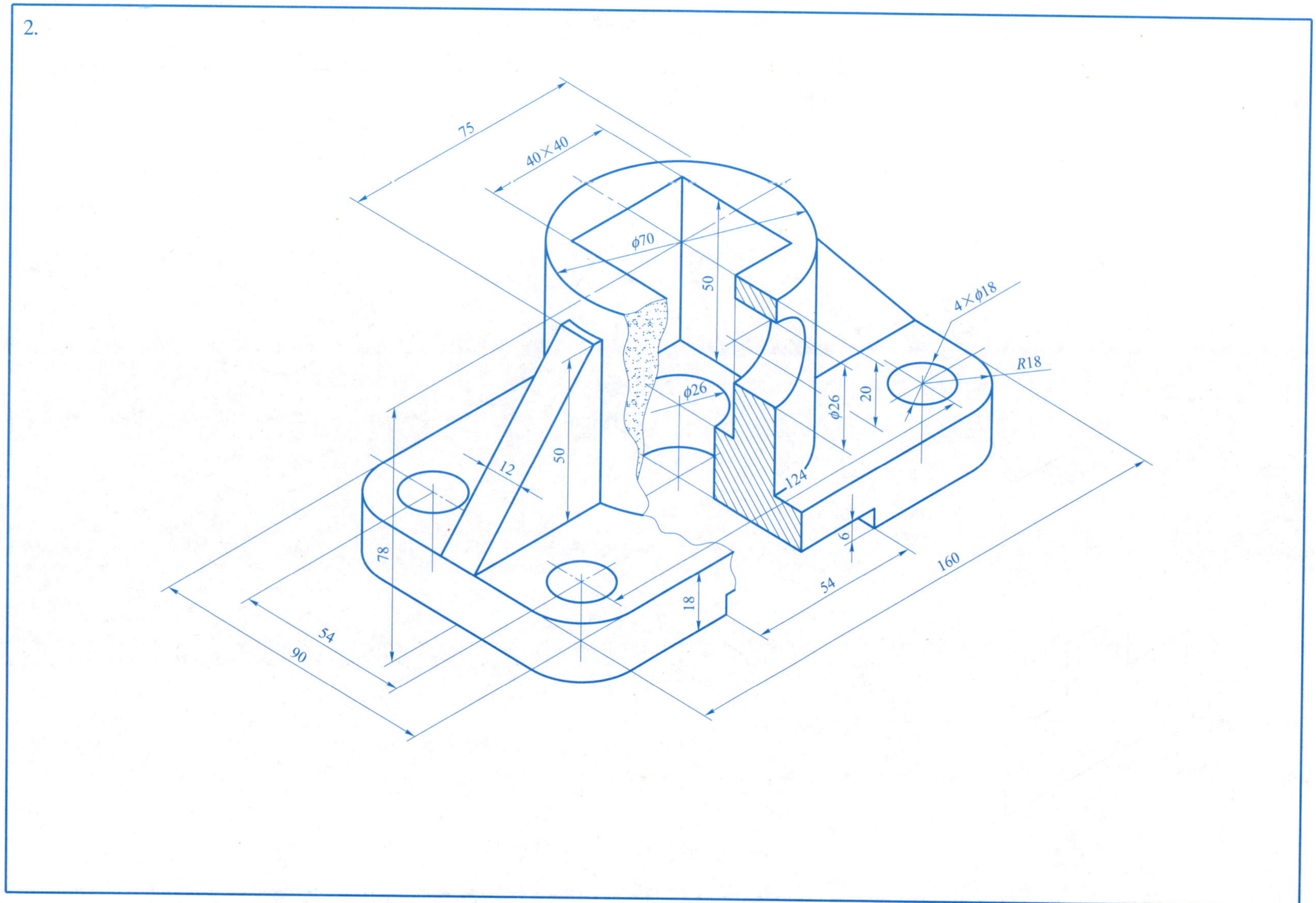

班级 姓名 学号

第 6 章　轴测图

1. 根据给定物体某一表面的轴测投影和另一指定的轴向尺寸，完成物体的轴测图。

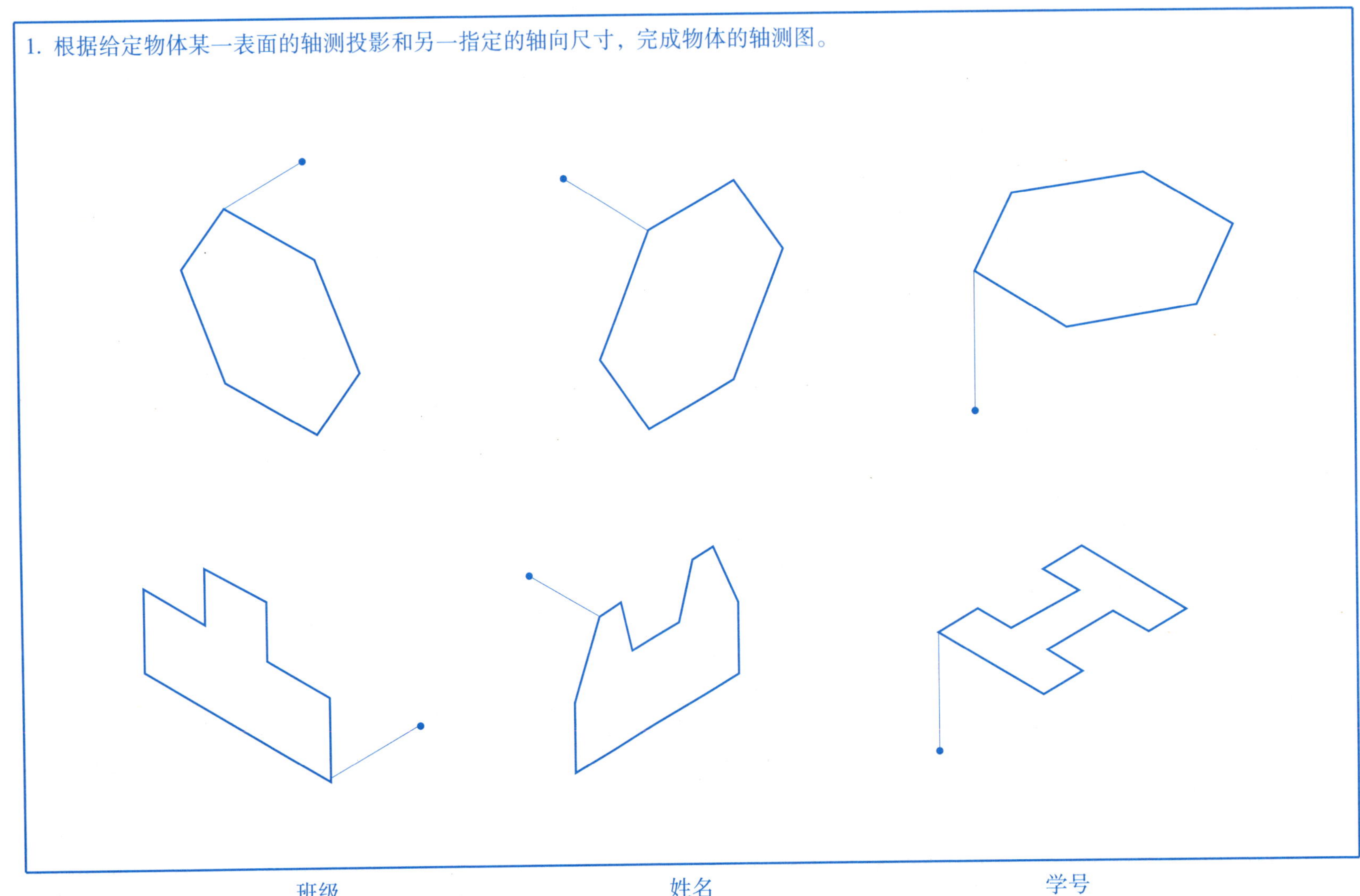

班级　　　　姓名　　　　学号

2. 根据给出的两个视图，画出物体的正等测轴测图。

(1)

(2)

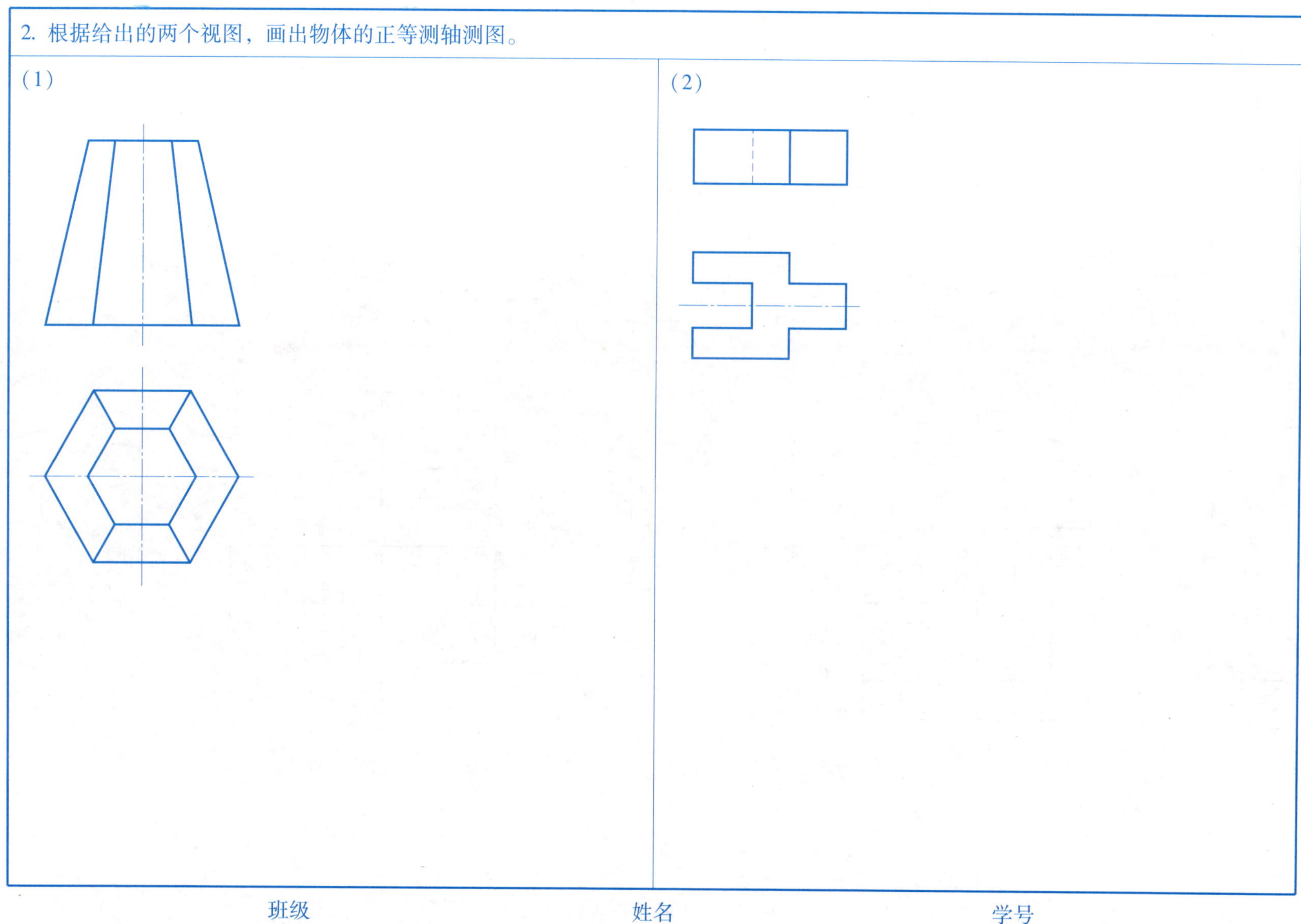

班级　　　　姓名　　　　学号

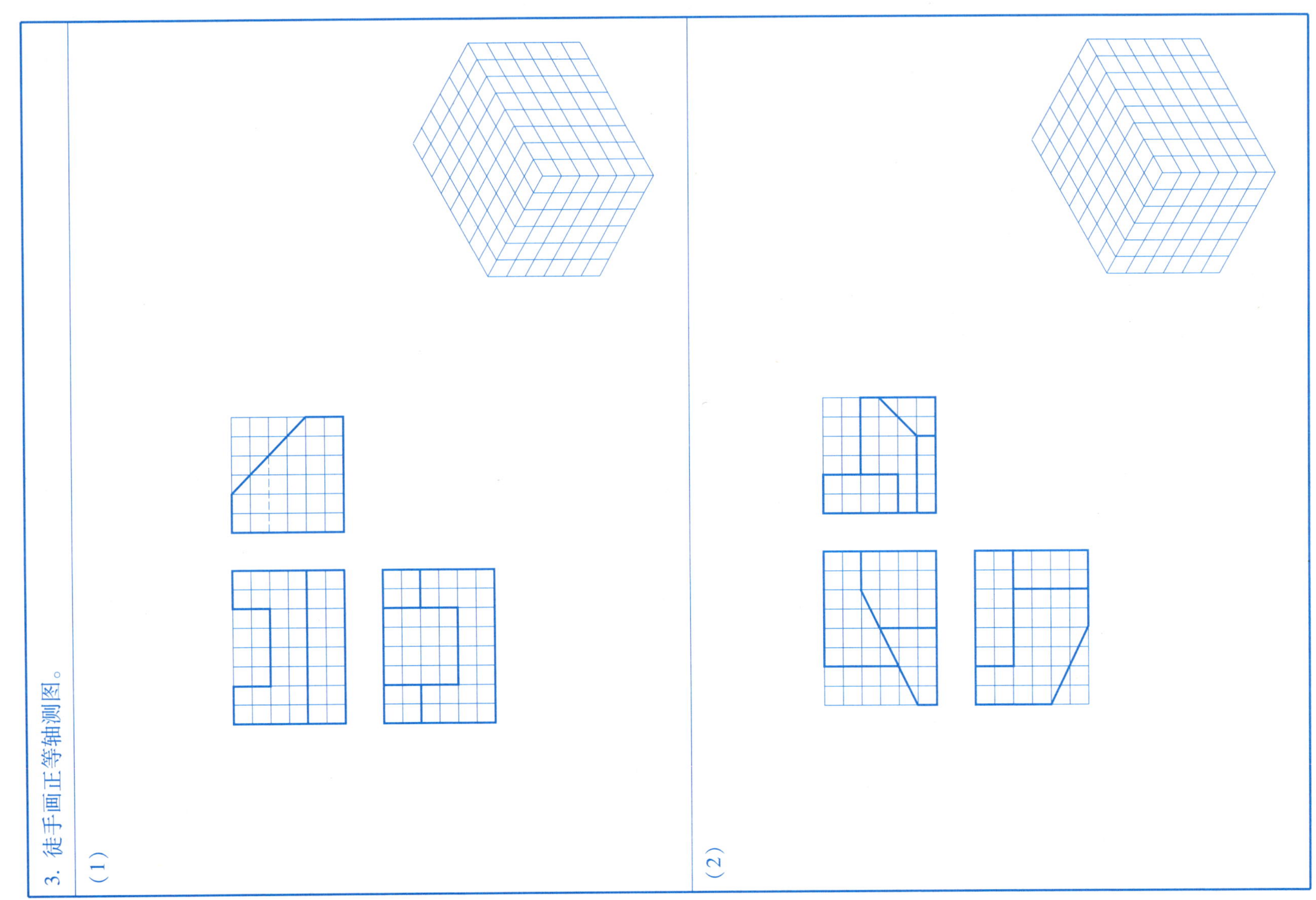

班级 姓名 学号

4. 根据给出的两个视图，画出物体的斜二轴测图。

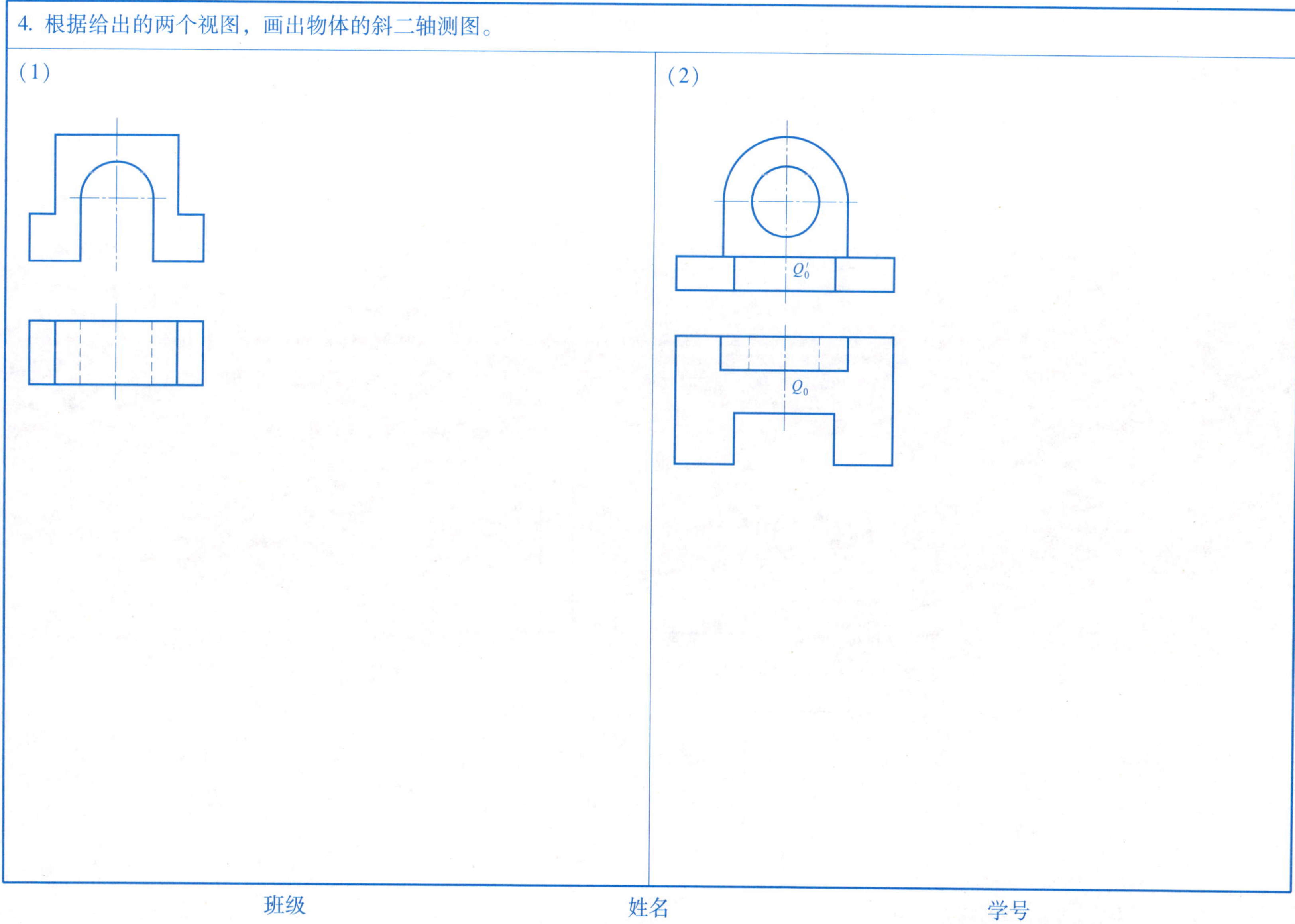

班级　　　　姓名　　　　学号

第 7 章　机件的图样方法

7.1　视图

1. 根据主、俯、左视图，补画其他基本视图（按规定位置配置）。

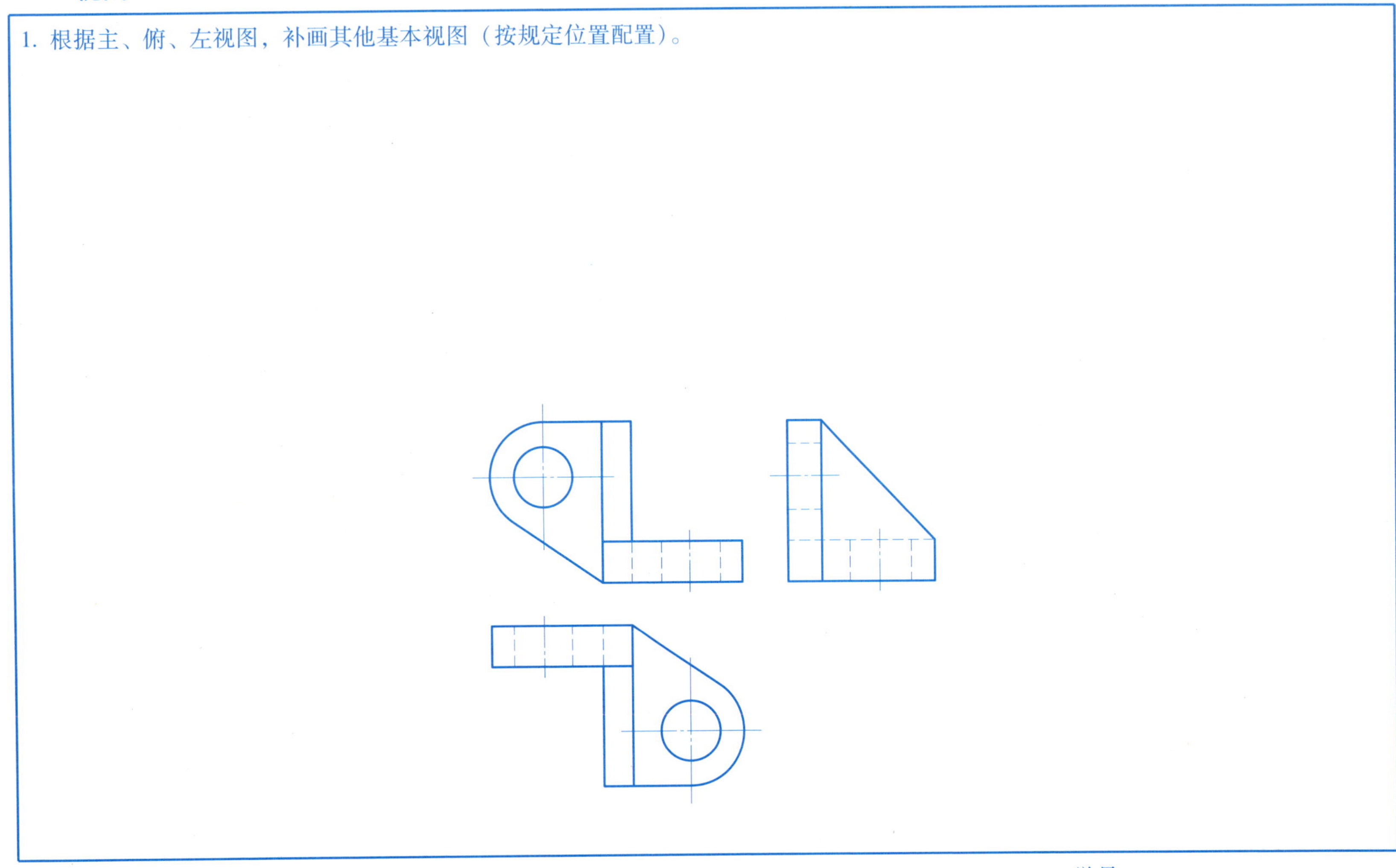

班级　　姓名　　学号

2. 根据主、俯视图，补画左视图，并按指定方向作出向视图。

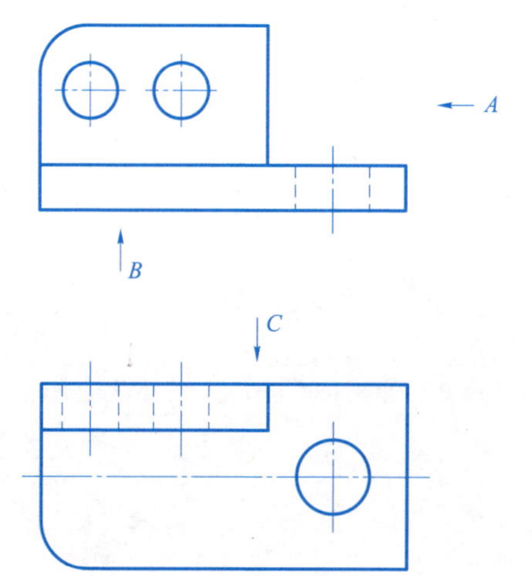

班级　　　　　　　　姓名　　　　　　　　学号

3. 作 *A* 向和 *B* 向局部视图。

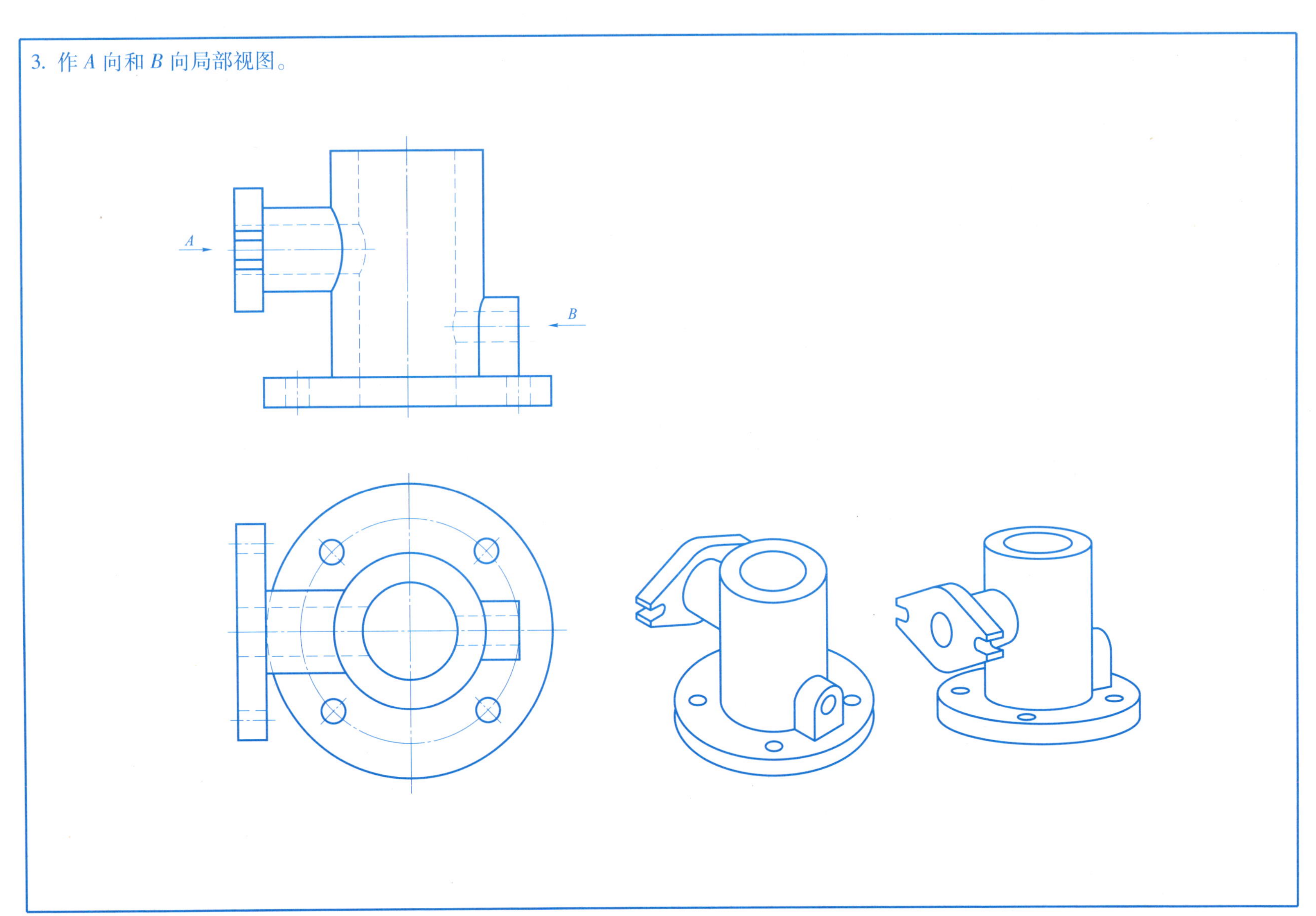

班级　　　　姓名　　　　学号

4. 画出 A 向局部视图和 B 向斜视图。

5. 将左视图改为局部视图，并画出 A 向斜视图以表示底板的形状。

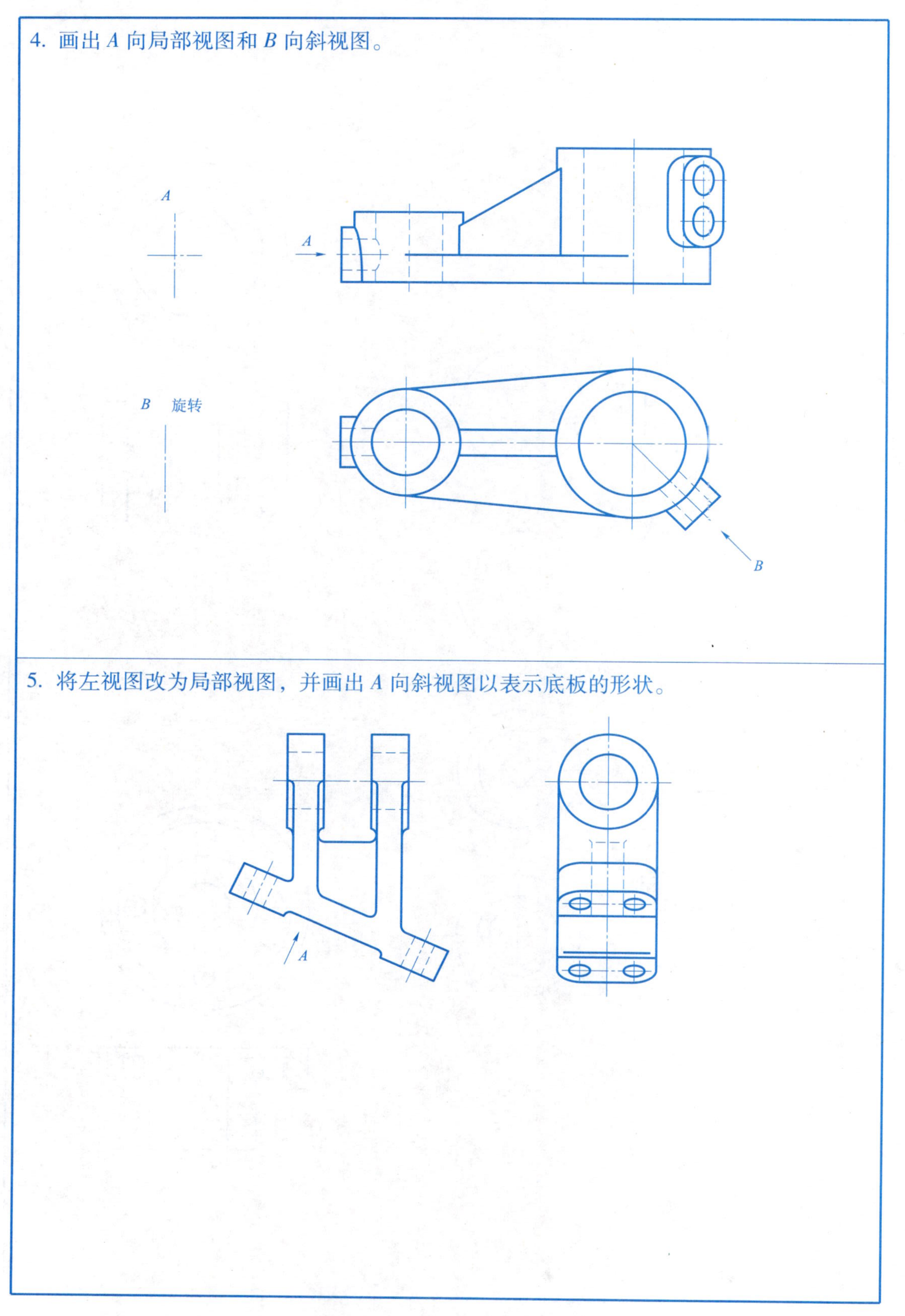

7.2 剖视图

1. 补画剖视图中所缺的图线。

(1)

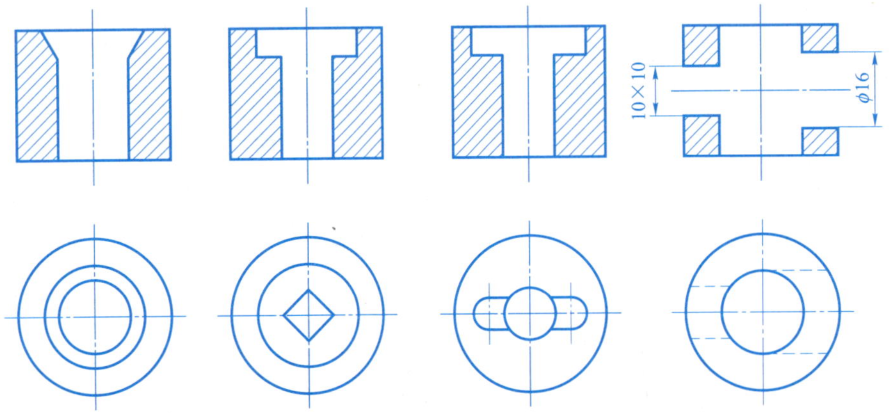

10×10

$\phi16$

(2)

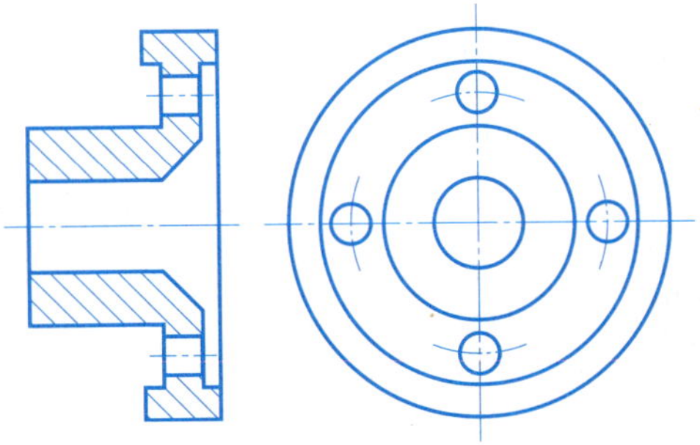

(3)

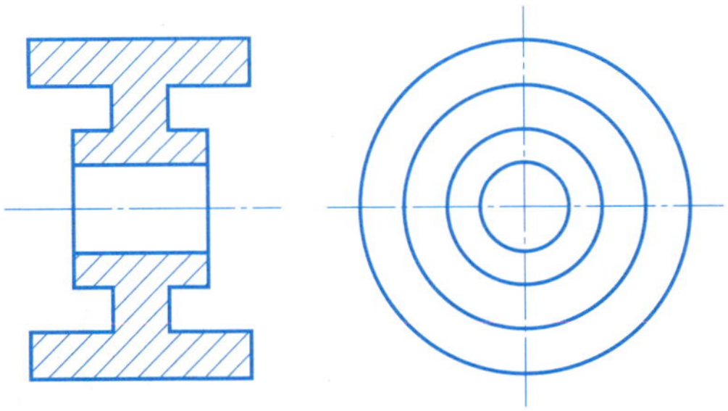

班级　　　　姓名　　　　学号

2. 将主视图画成全剖视图。

(1)

(2)

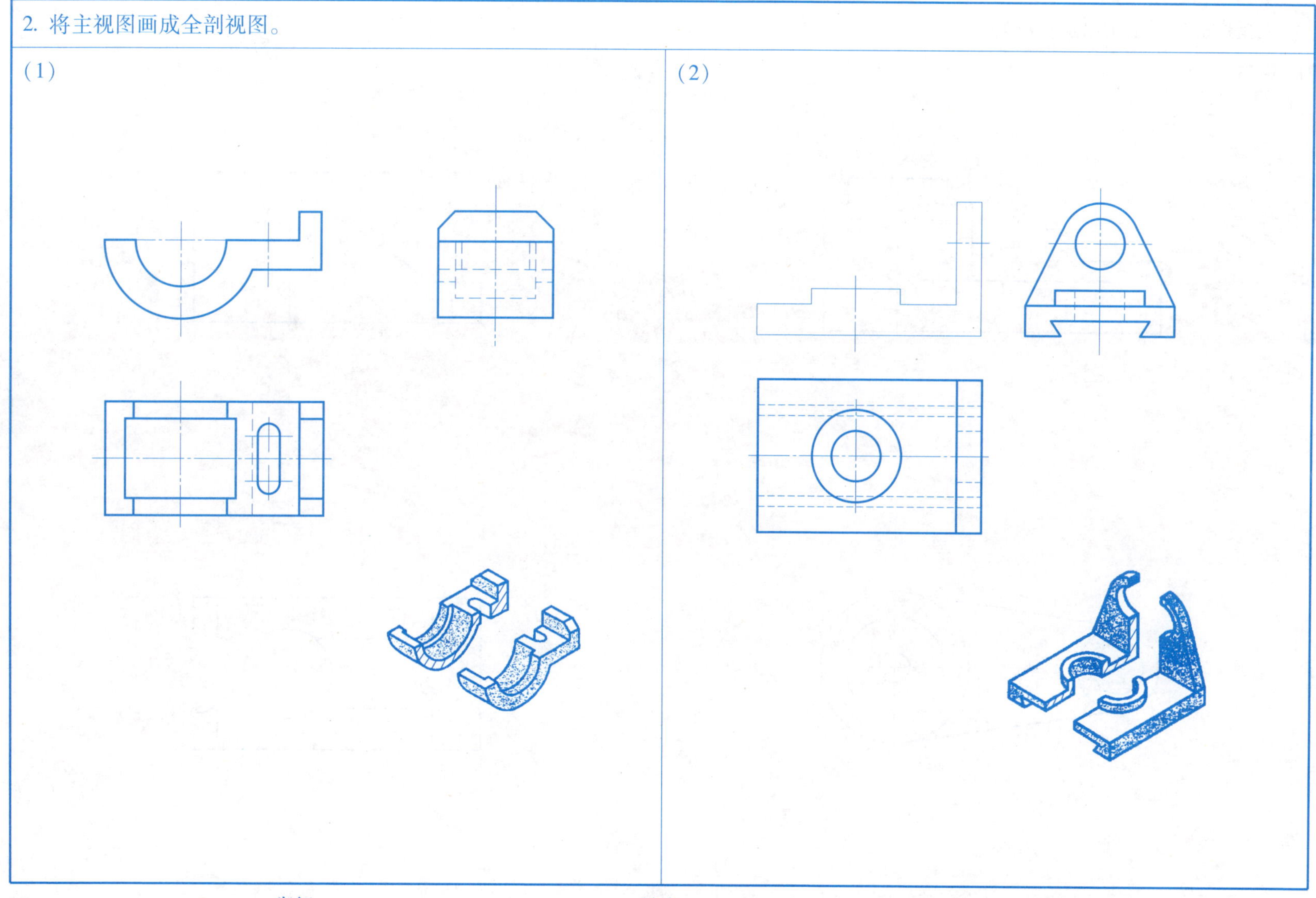

班级 姓名 学号

3. 在指定的位置上画出全剖视图。

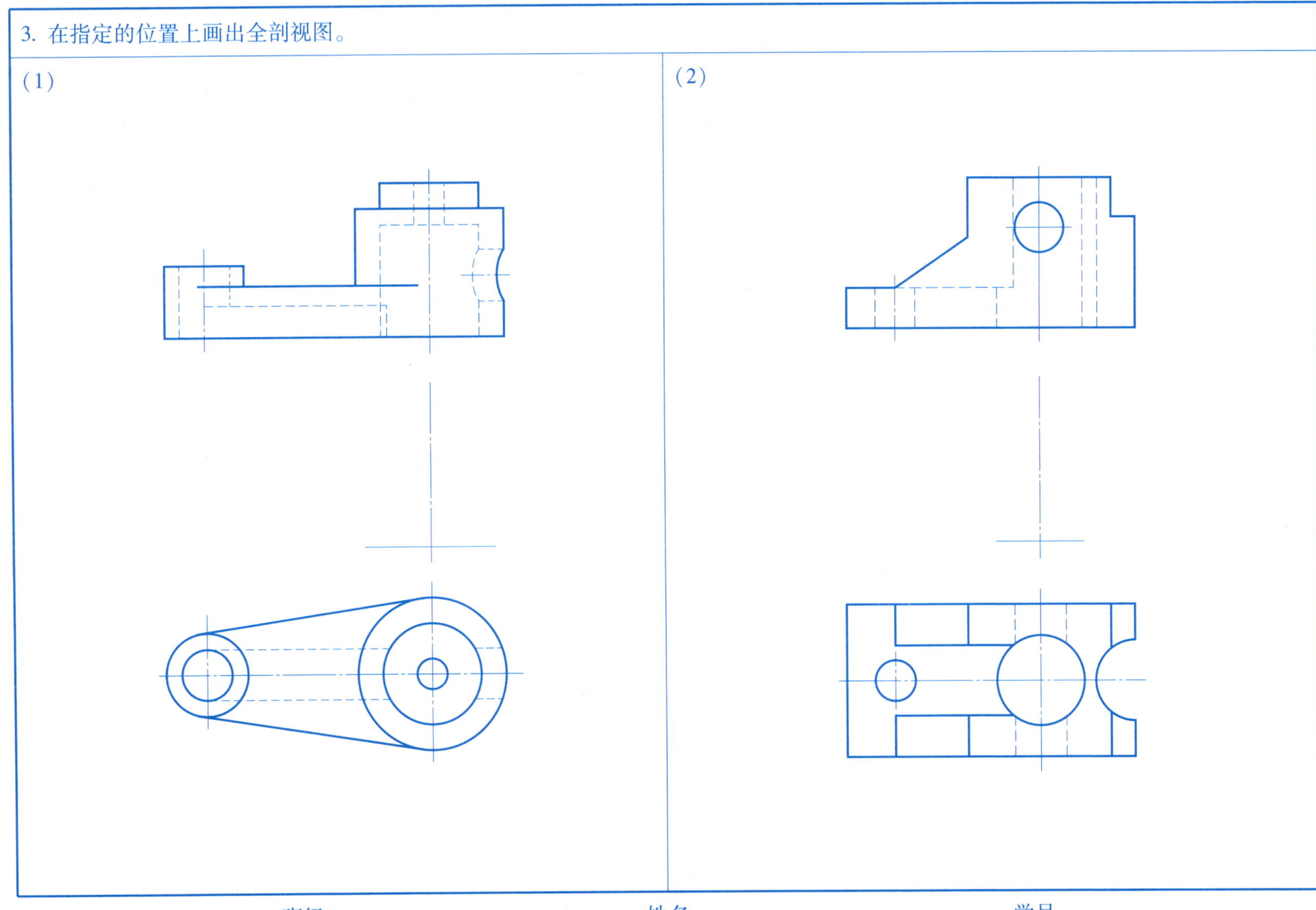

班级　　　　姓名　　　　学号

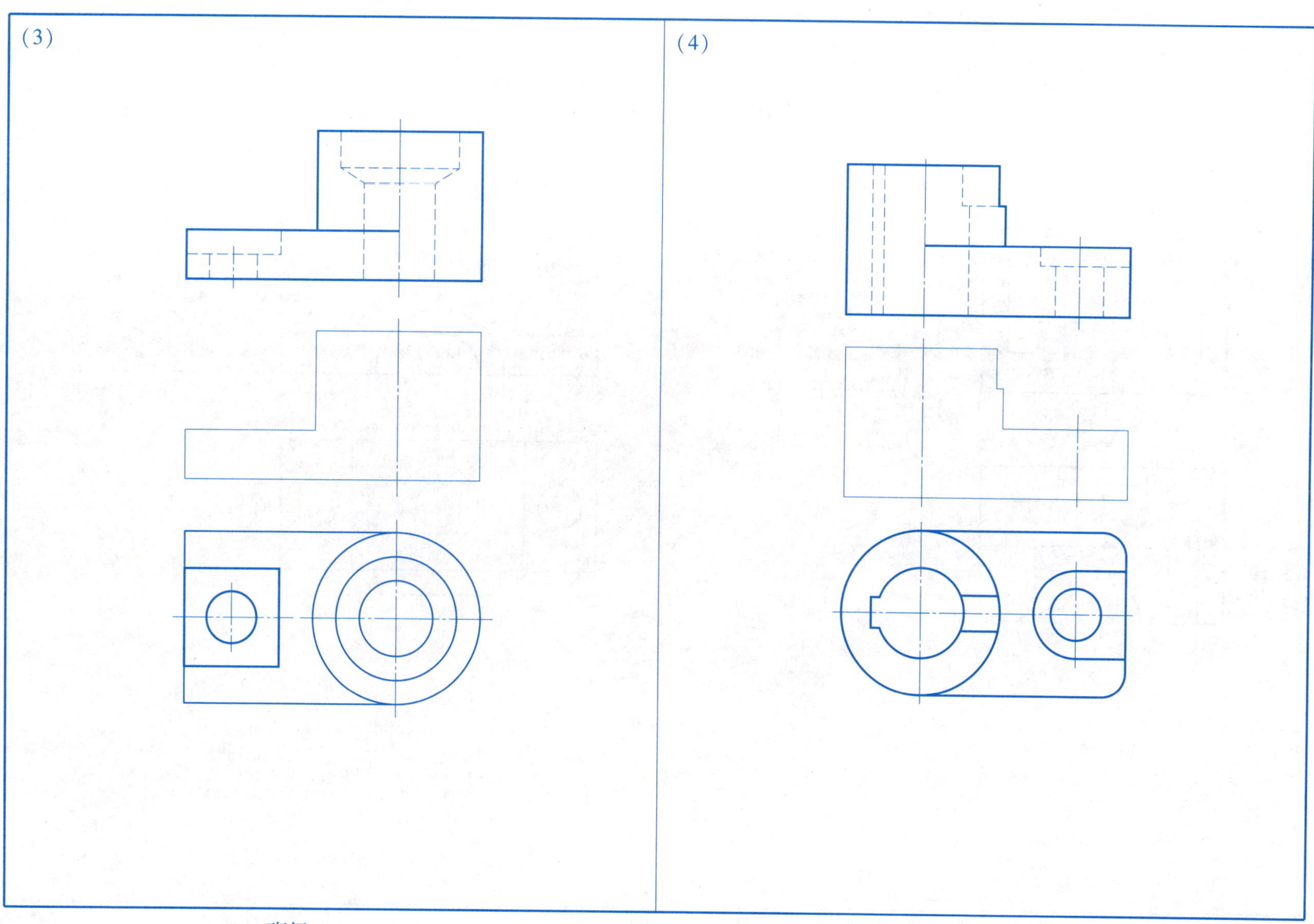

班级　　　　　　　　姓名　　　　　　　　学号

4. 画出全剖的左视图。

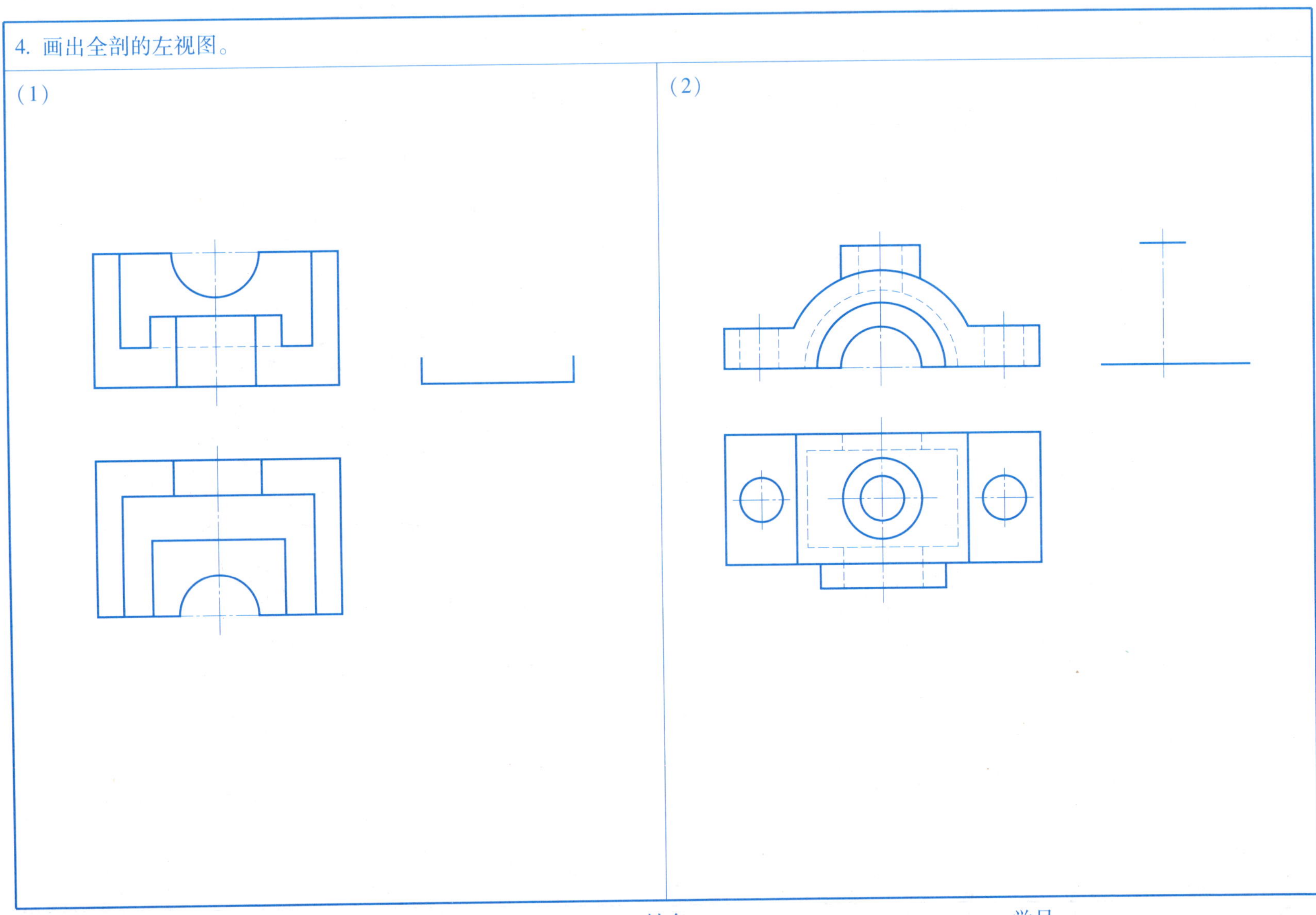

班级 姓名 学号

(3)

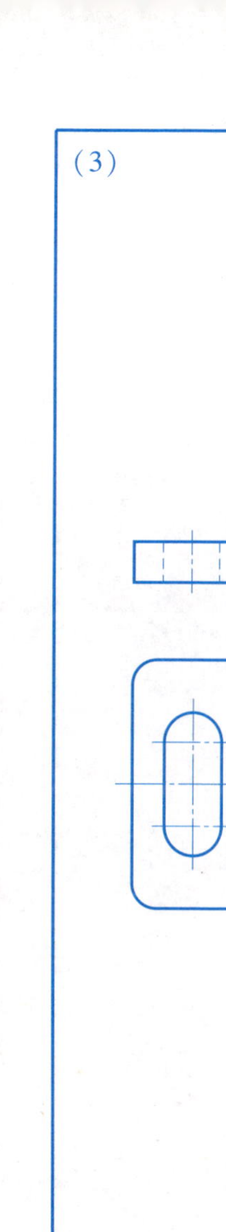

(4)

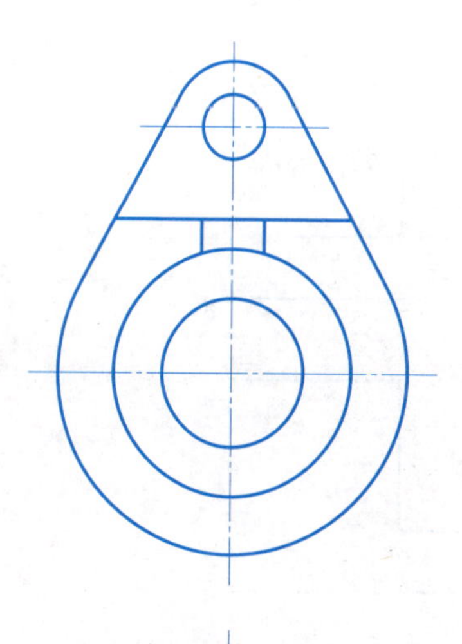

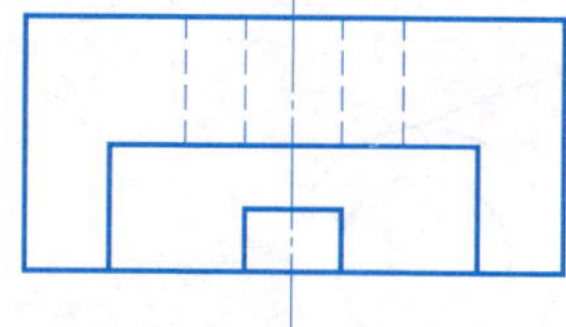

5. 用一组平行的剖切平面剖切，将主视图改画成全剖视图，并加以标注。

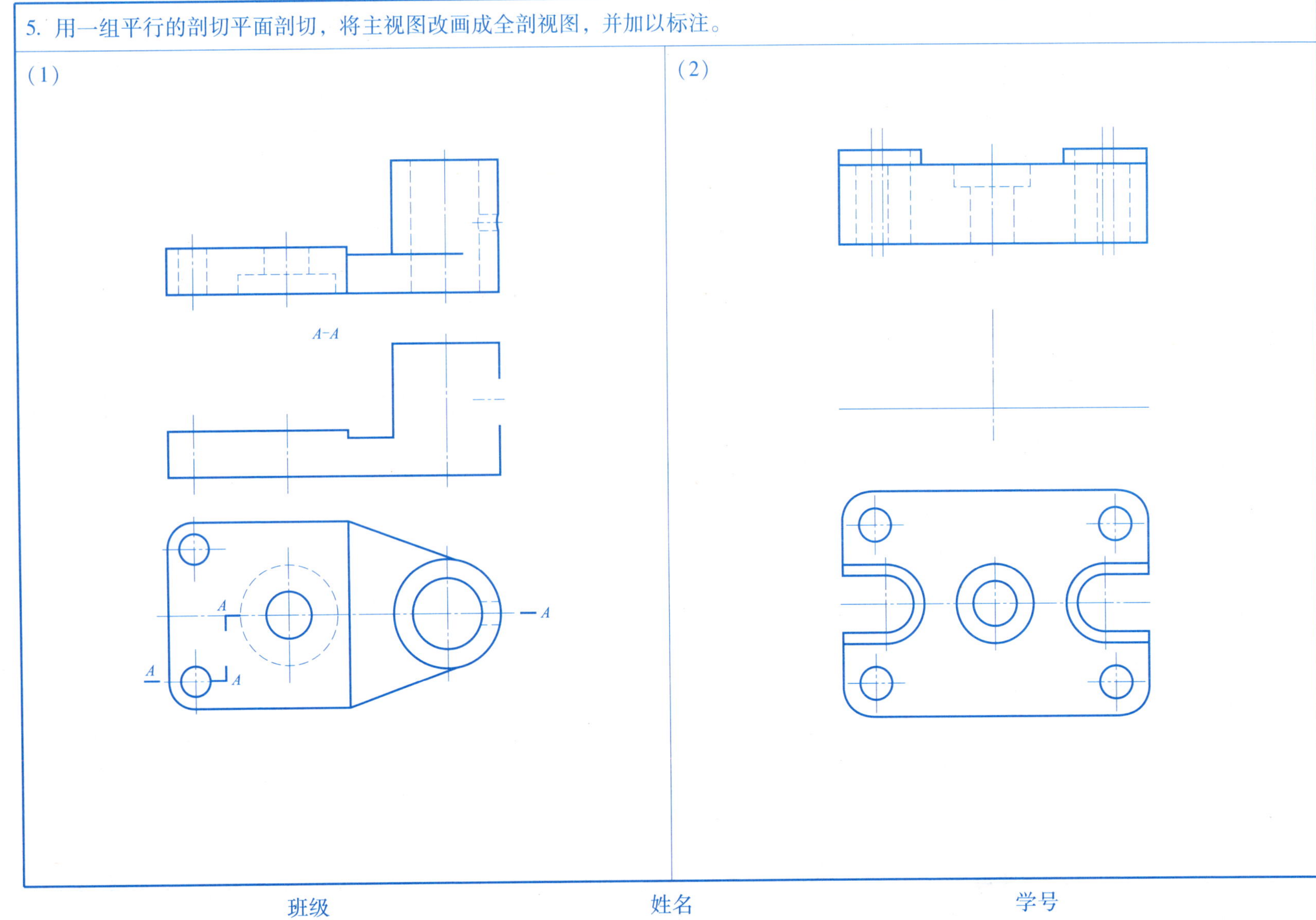

班级　　　　　　　　　　姓名　　　　　　　　　　学号

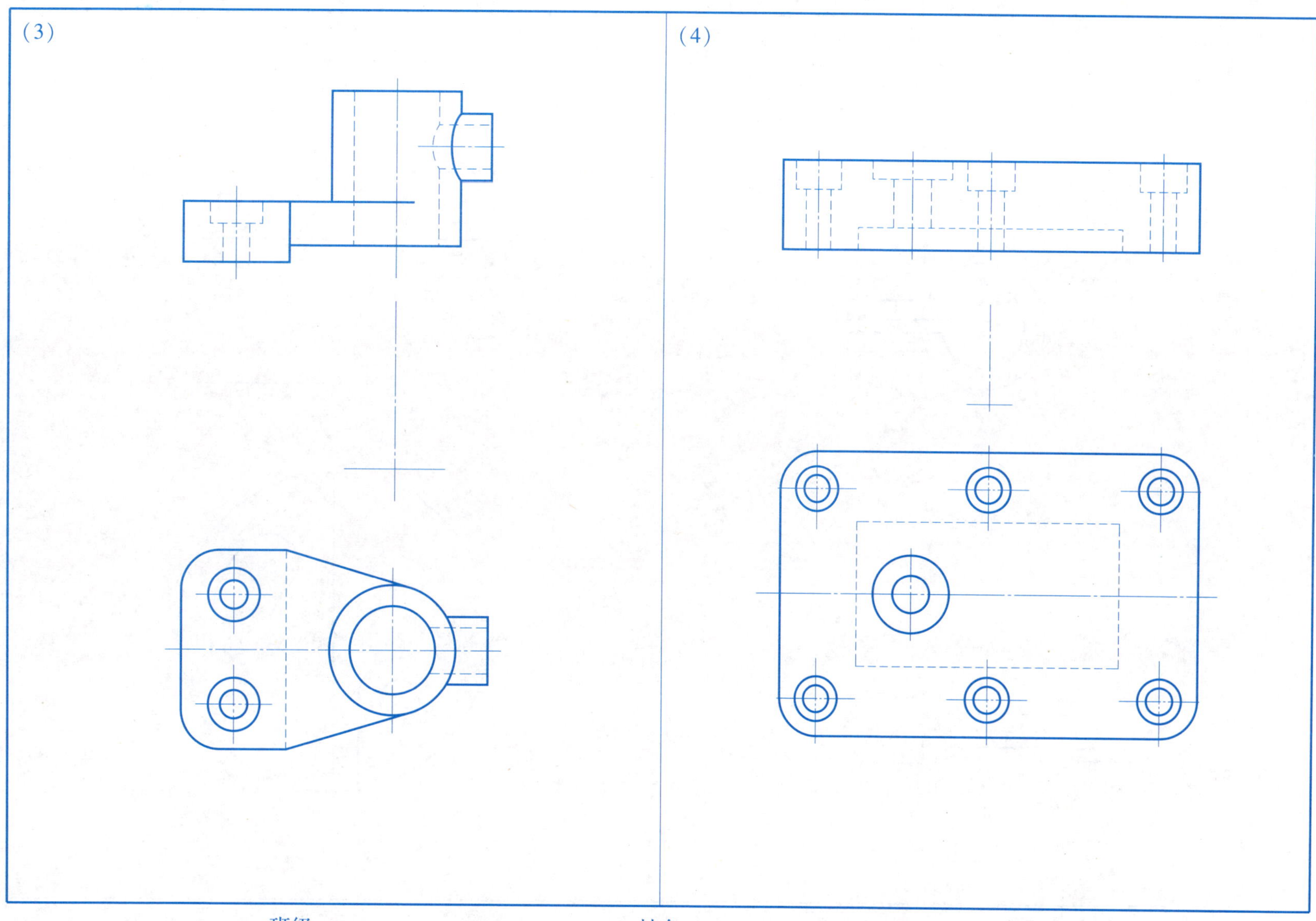

班级　　　　姓名　　　　学号

6. 用相交的剖切平面剖切，将主视图或俯视图改画成全剖视图，并加以标注。

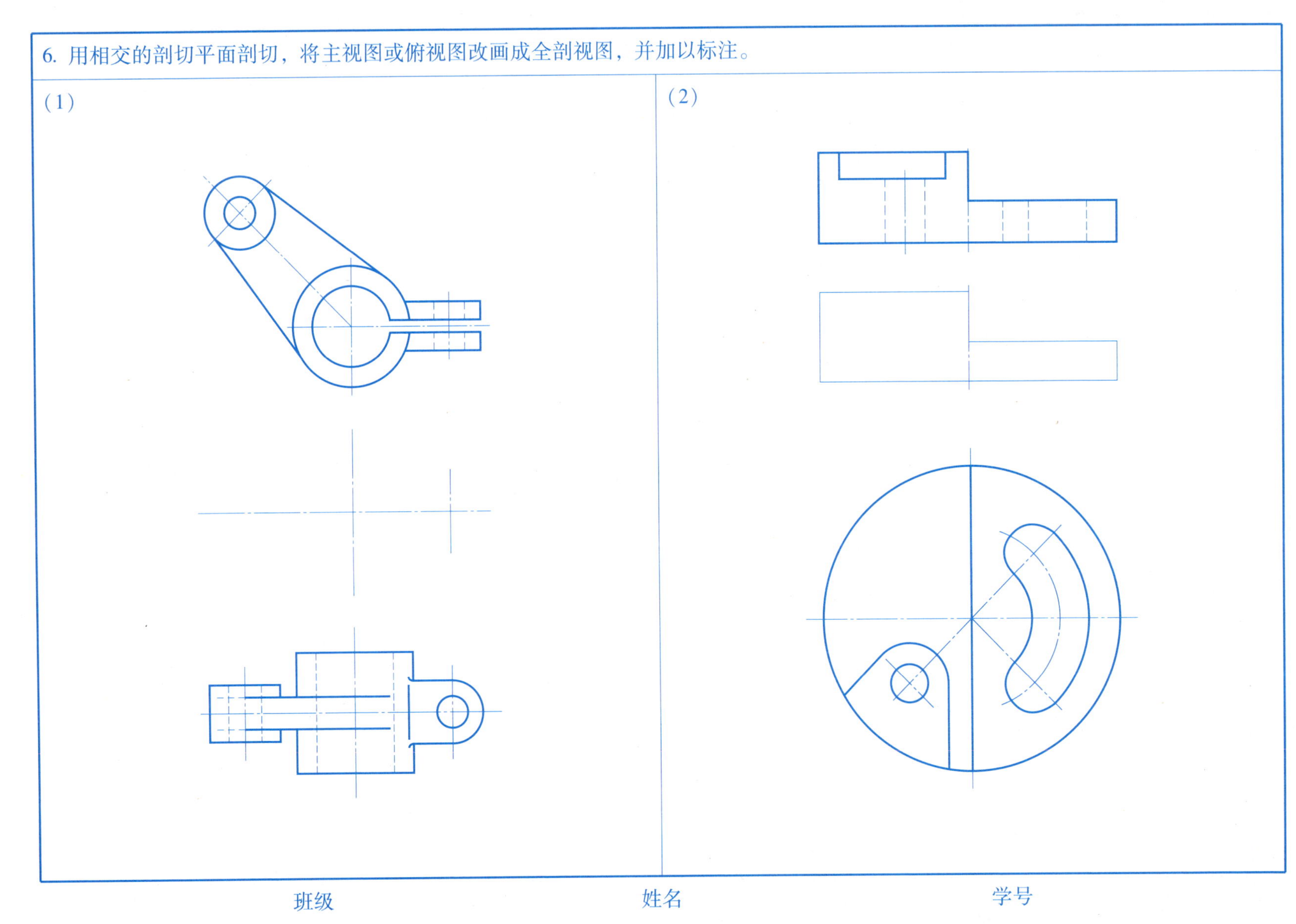

班级　　　　姓名　　　　学号

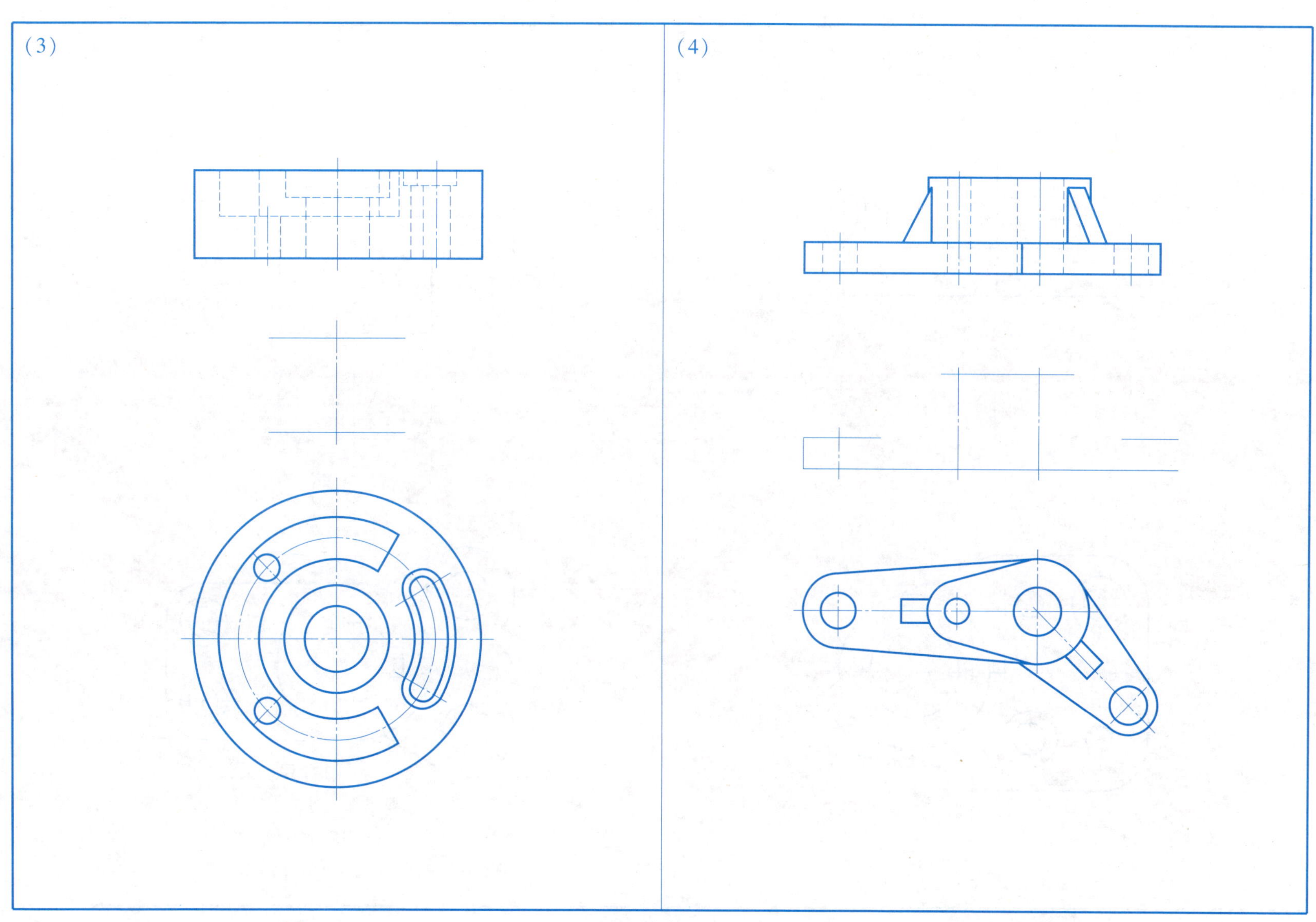

班级 姓名 学号

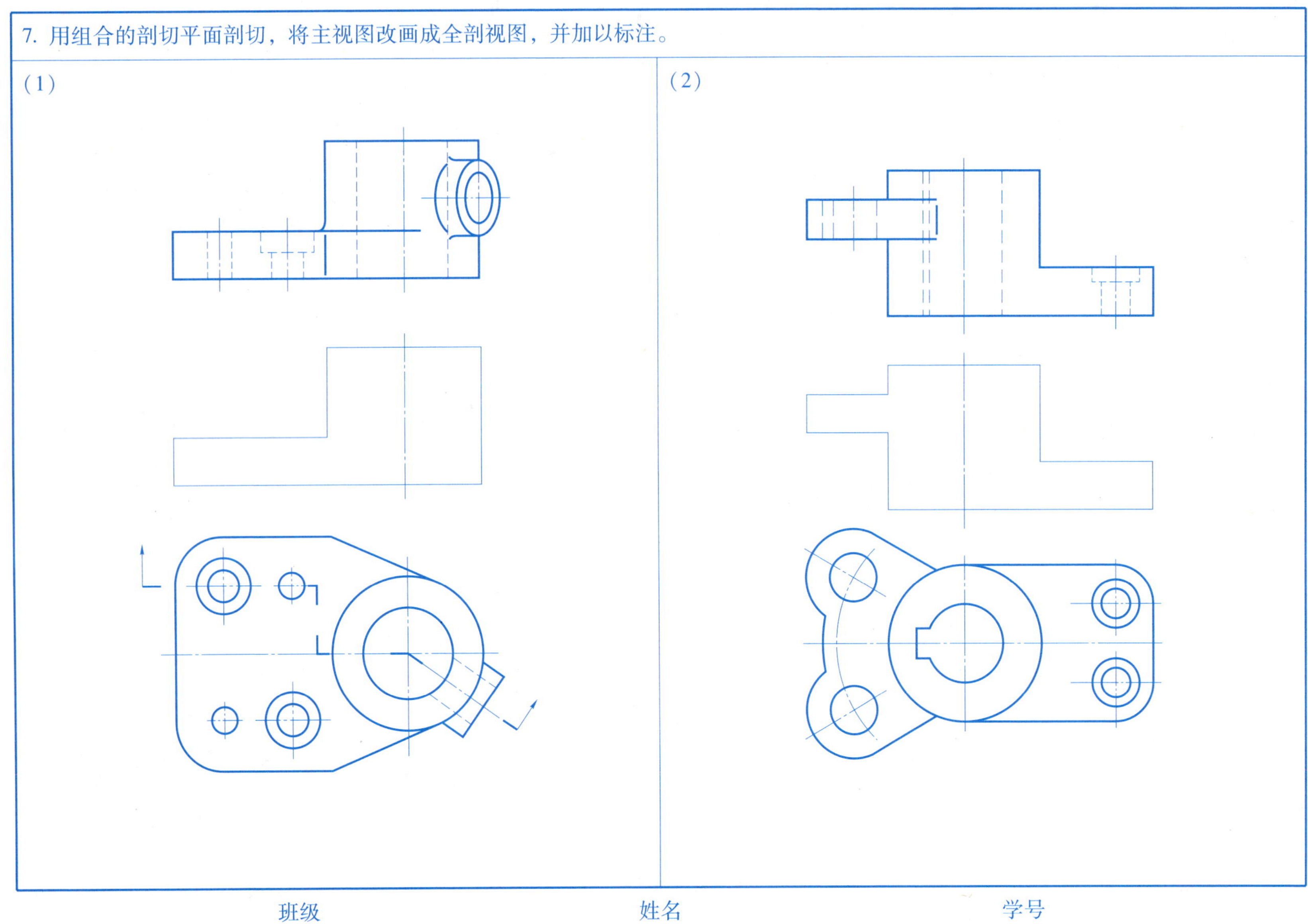
7. 用组合的剖切平面剖切，将主视图改画成全剖视图，并加以标注。
（1）
（2）
班级
姓名
学号

8. 将主视图画成半剖视图。

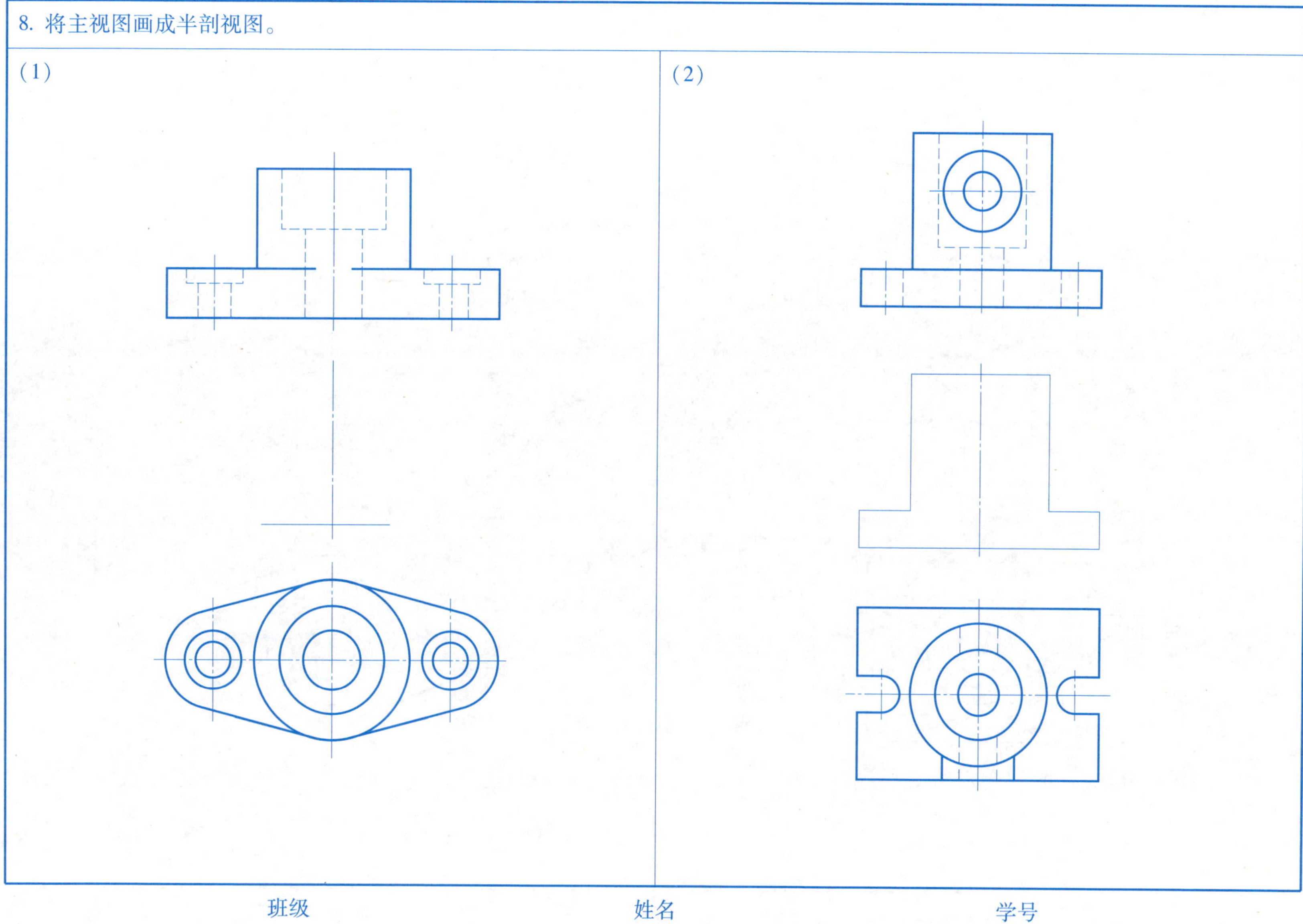

班级　　姓名　　学号

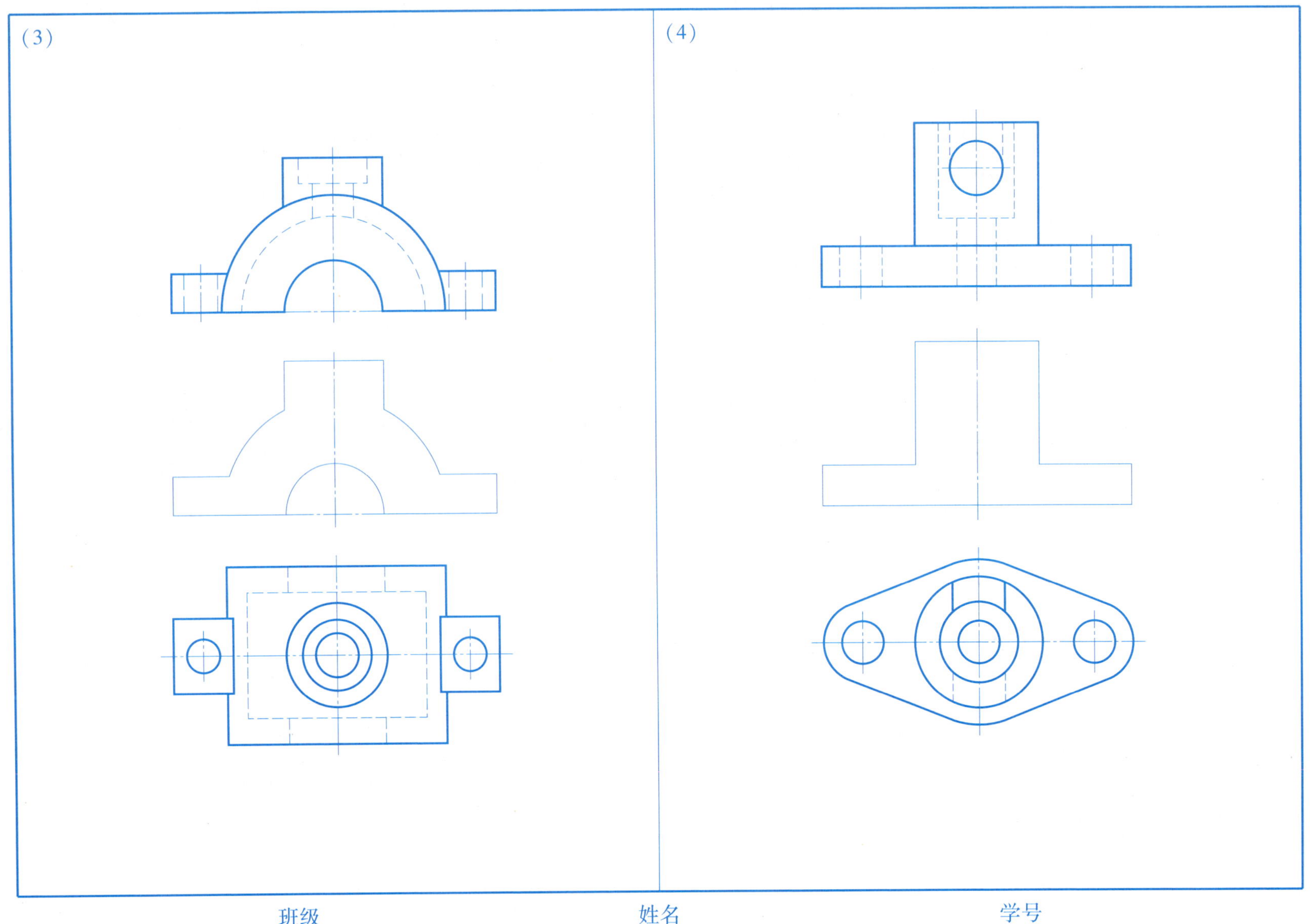

班级 姓名 学号

9. 将主视图画成全剖视图，求作半剖视图的左视图。

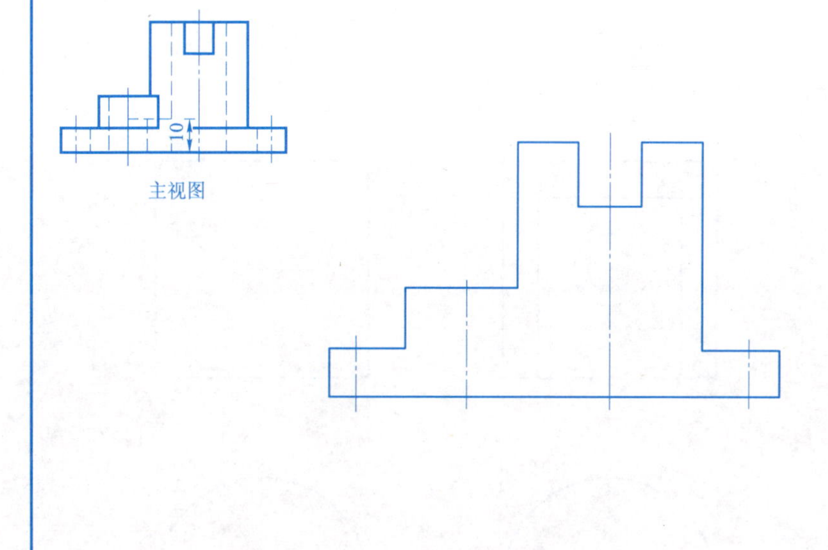

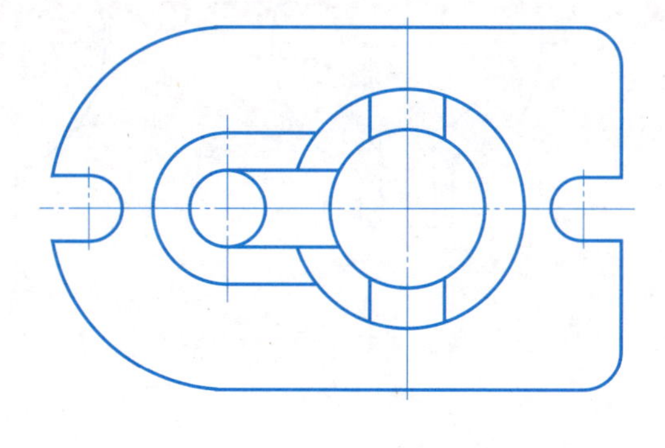

班级　　姓名　　学号

10. 局部剖视图改错。

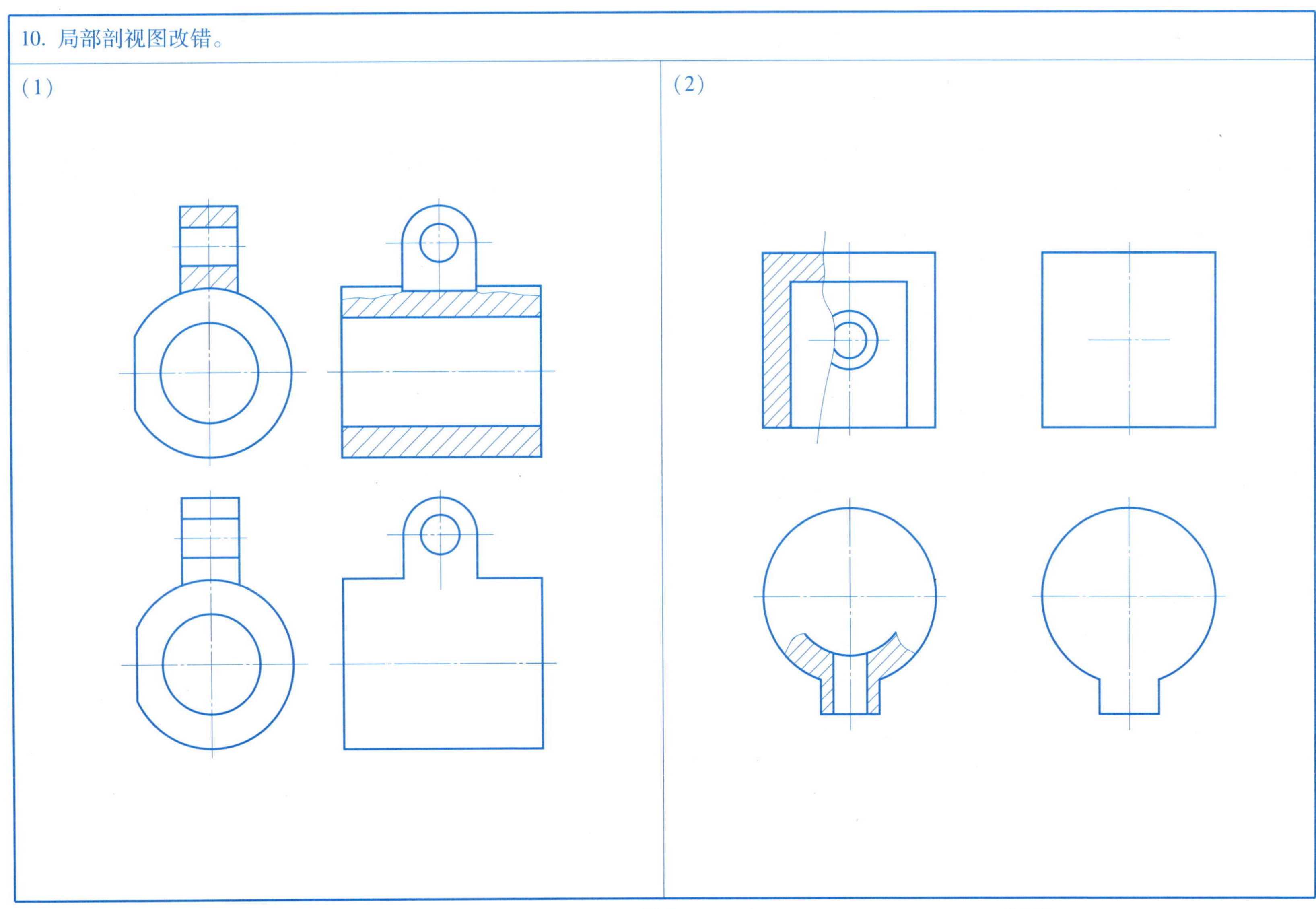

班级 姓名 学号

11. 在适当部位作局部剖视图。

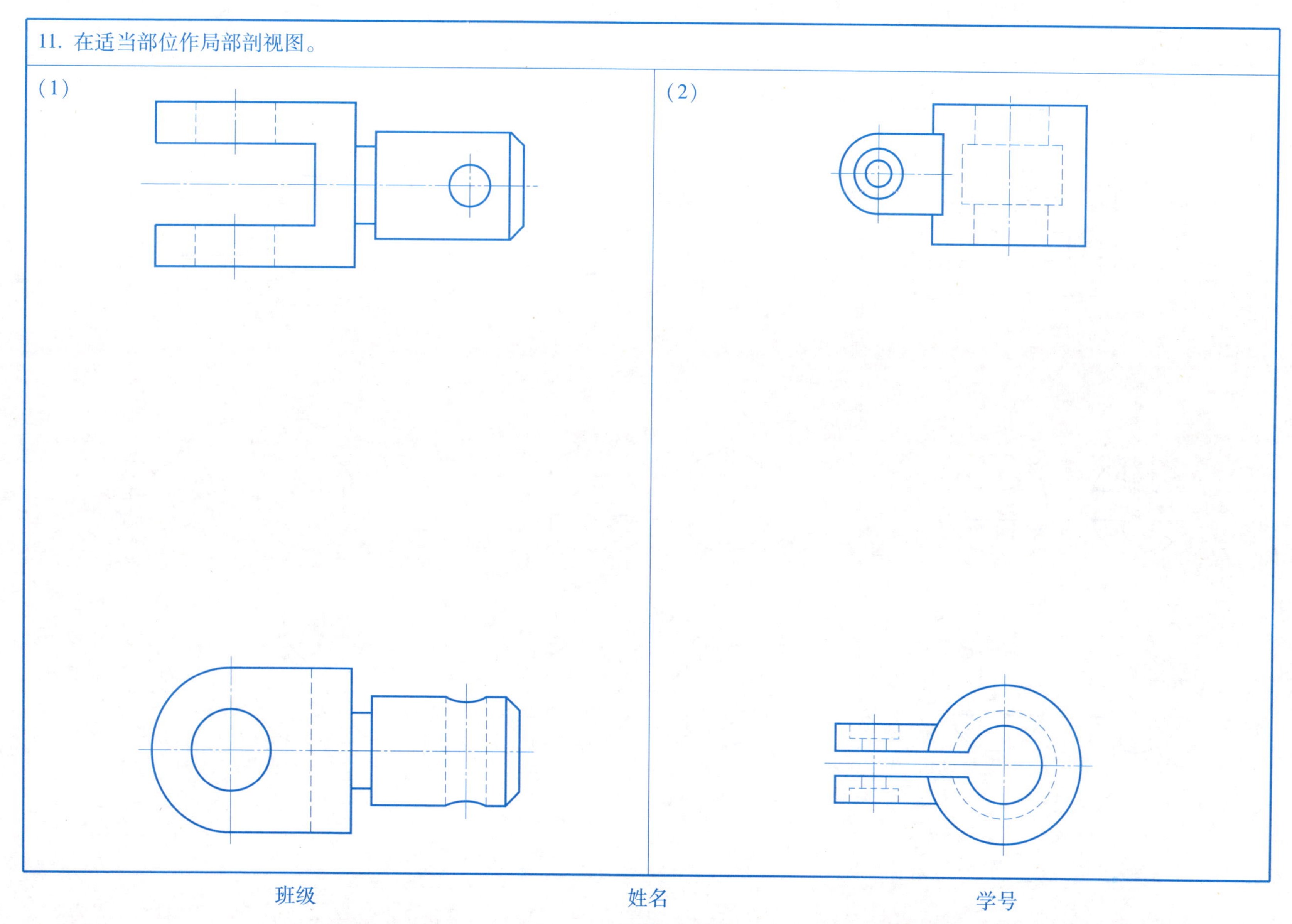

班级　　　　　　　　姓名　　　　　　　　学号

7.3 断面图

1. 选择下列断面正确的断面图，并加以标注。

(1)

(2)

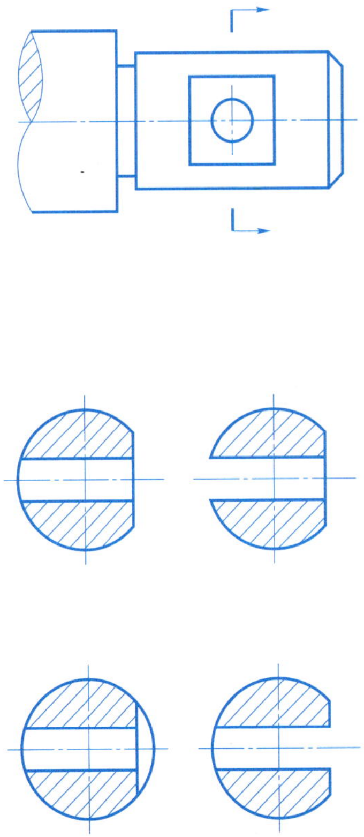

(3)

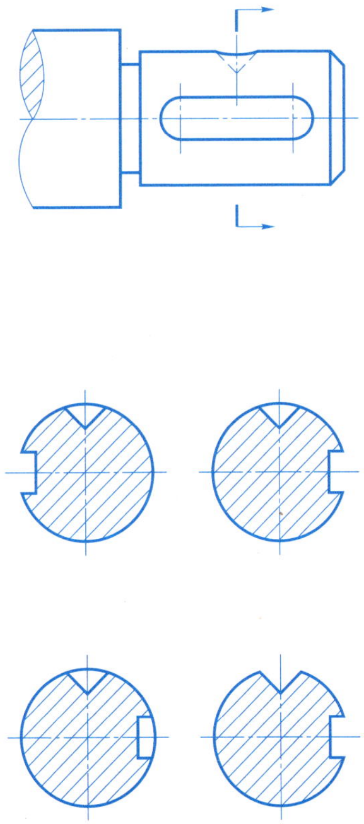

班级　　　　姓名　　　　学号

2. 在指定位置画出移出断面图。

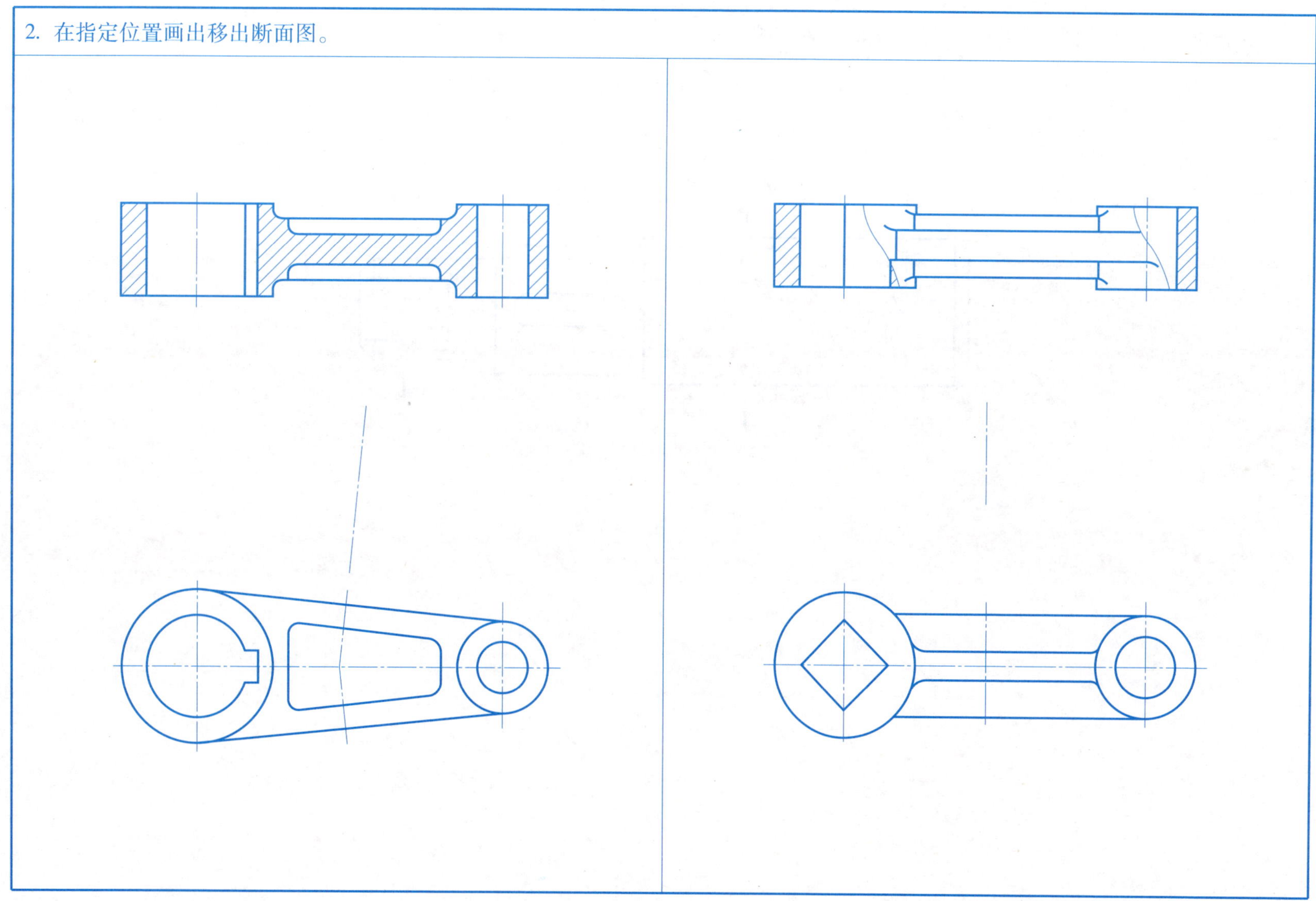

班级 姓名 学号

3. 按所指位置画出断面图，需要标注的进行标注（右键槽深 3）。

（1）

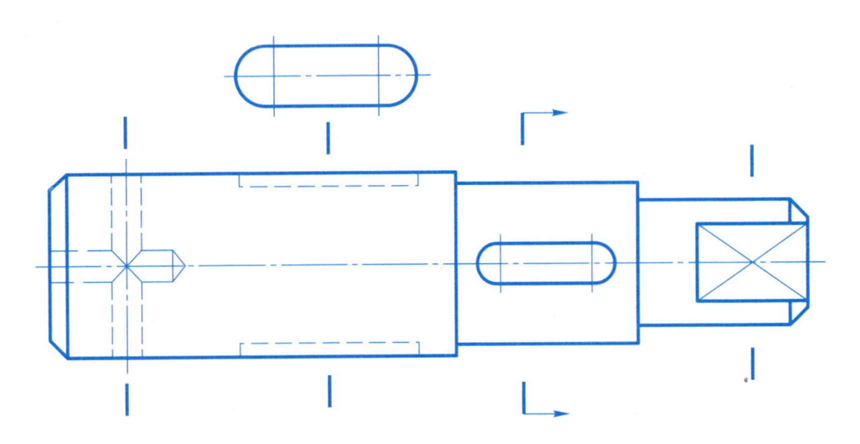

班级 姓名 学号

(2)

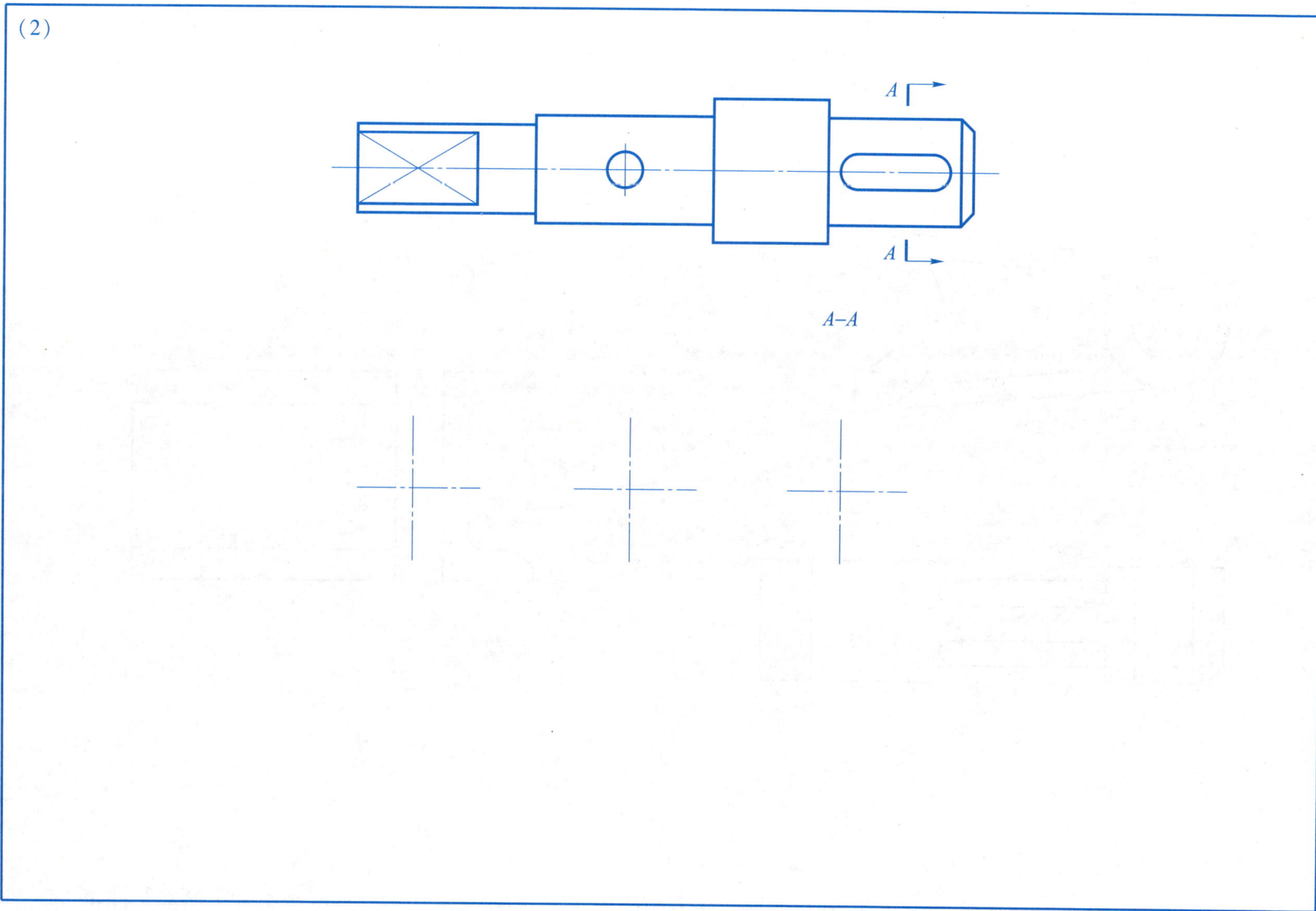

班级　　　　姓名　　　　学号

4. 在指定位置画出重合断面图。

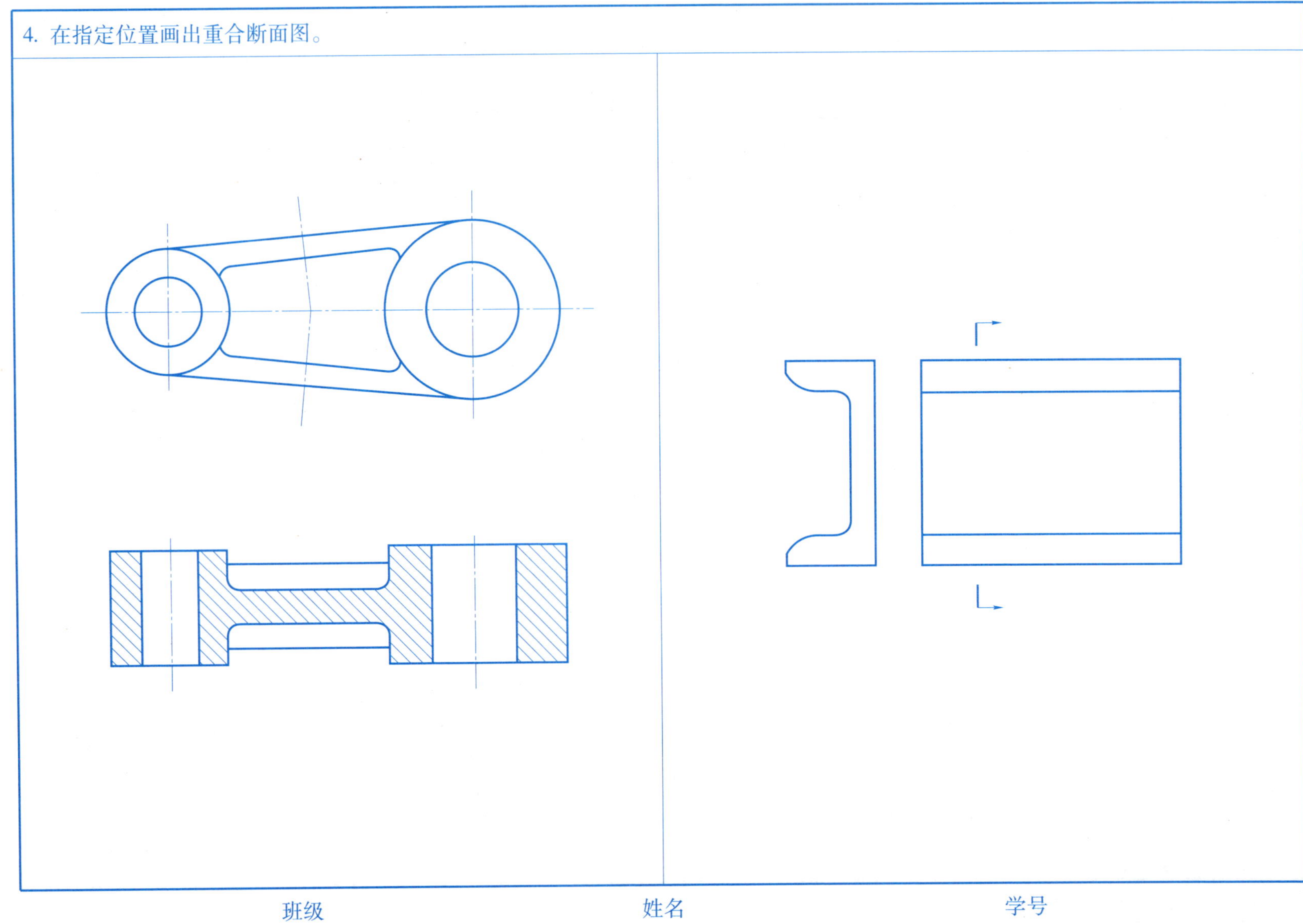

班级　　　　姓名　　　　学号

7.4 其他图样画法

1. 下图是按 1∶1 比例绘制的，将图中指定部位按 2∶1 画成局部放大图，并加以标注。

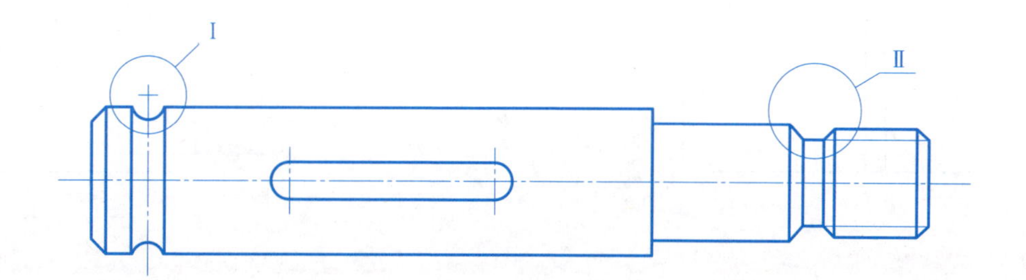

班级　　　　姓名　　　　学号

2. 改正剖视图中画法上的错误，并画出正确的剖视图。

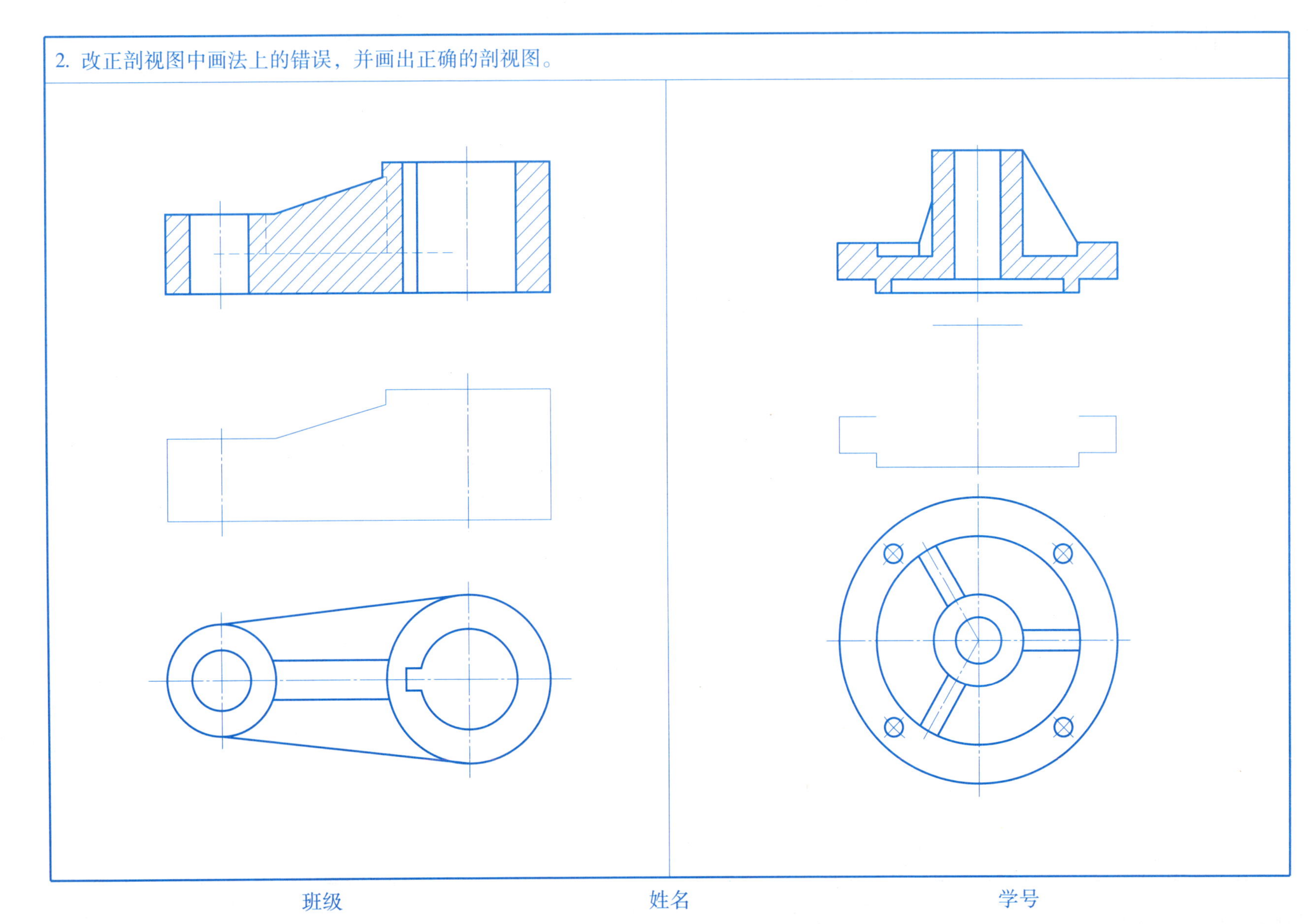

班级　　　　姓名　　　　学号

3. 用简化画法重新表达三通管。

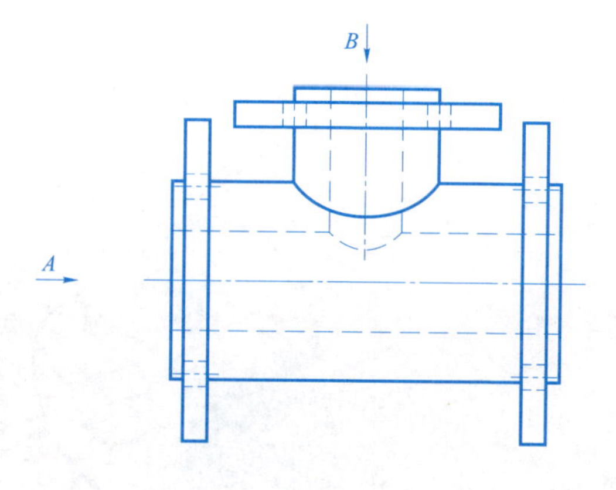

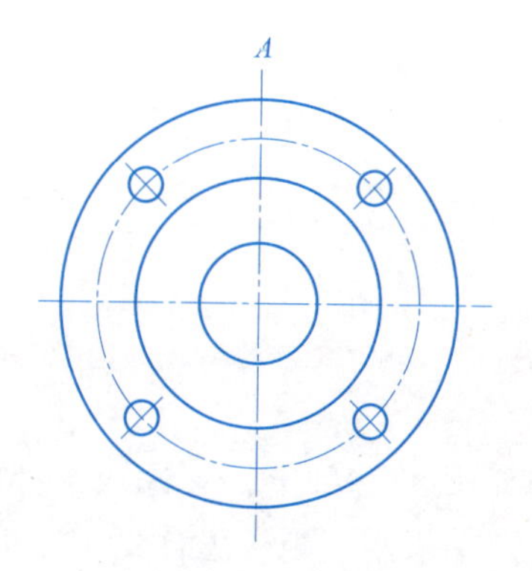

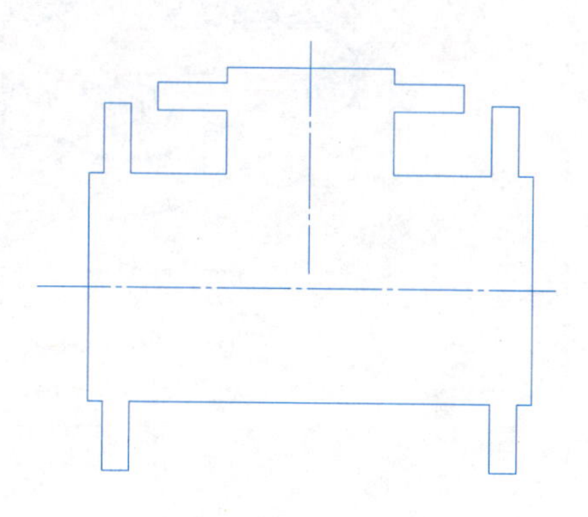

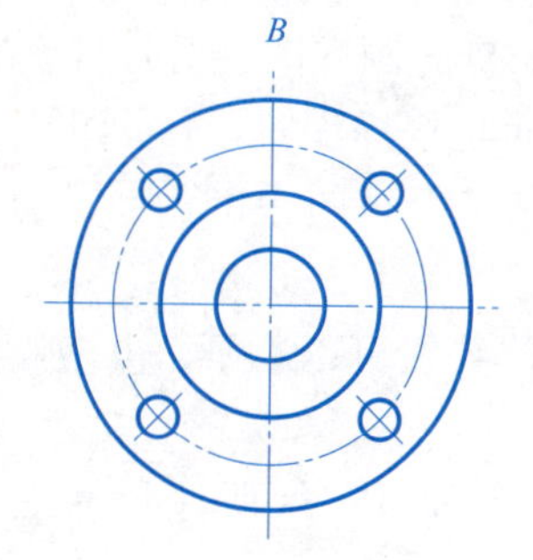

班级　　　　　　　　　　姓名　　　　　　　　　　学号

机件图样画法作业

一、内容

根据轴测图选择合适的表达方法并标注尺寸。

二、目的

1. 训练机件表达方法的能力。

2. 掌握剖视图的画法。

三、要求

1. 用 A3 图纸。

2. 自己选择绘图比例。

3. 铅笔加深。

四、注意事项

1. 在看清或想出机件形状的基础上，考虑应选择哪些视图，再分析机件上哪些内部结构需采用剖视，怎样剖切，可多考虑几种方案，并进行比较，再从中选出恰当的表达方案。

2. 剖视图应直接画出，不应先画视图，再将其改画成剖视图。

3. 剖面线不画底稿线，而是在描深时一次画出。这样既能保证剖面线的清晰，又便于控制各个视图中剖面线的方向、间隔一致，还有利于提高画图速度。

4. 要注意区分哪些剖切位置线可以不画，并应特别注意局部剖视图中波浪线的画法。

5. 应用形体分析法标注尺寸，确保所注尺寸既不遗漏也不重复。

五、图例（见右图）。

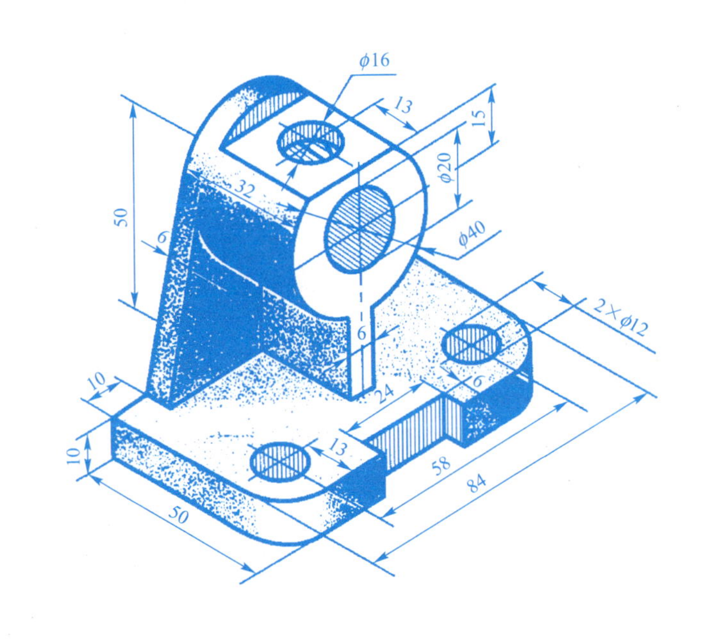

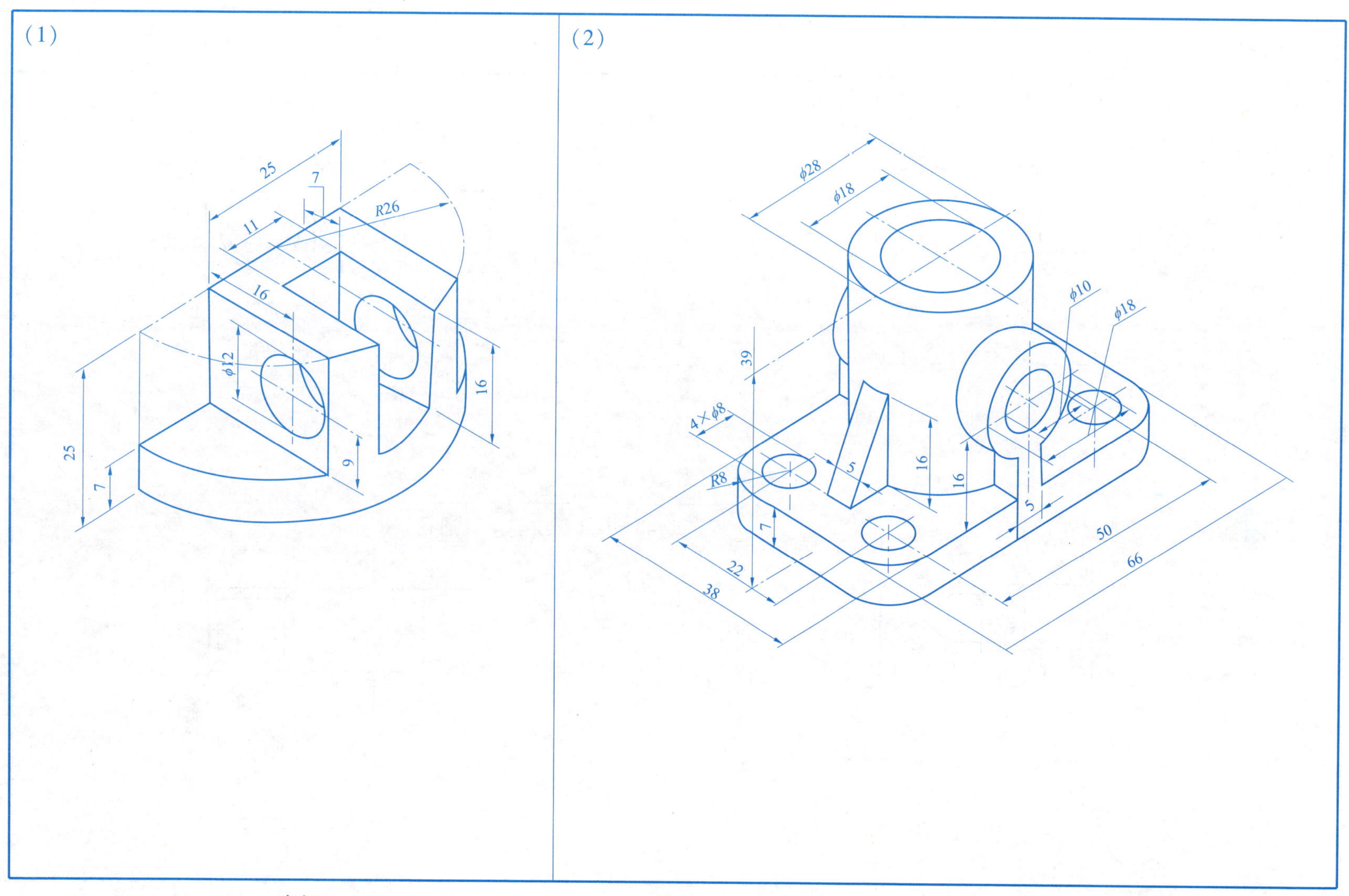
(1)
25
7
11
R26
16
ϕ12
16
25
7
9
(2)
ϕ28
ϕ18
ϕ10
ϕ18
39
4×ϕ8
R8
5
16
16
5
7
22
38
50
66

班级　　姓名　　学号

第 8 章　标准件与常用件

8.1　螺纹

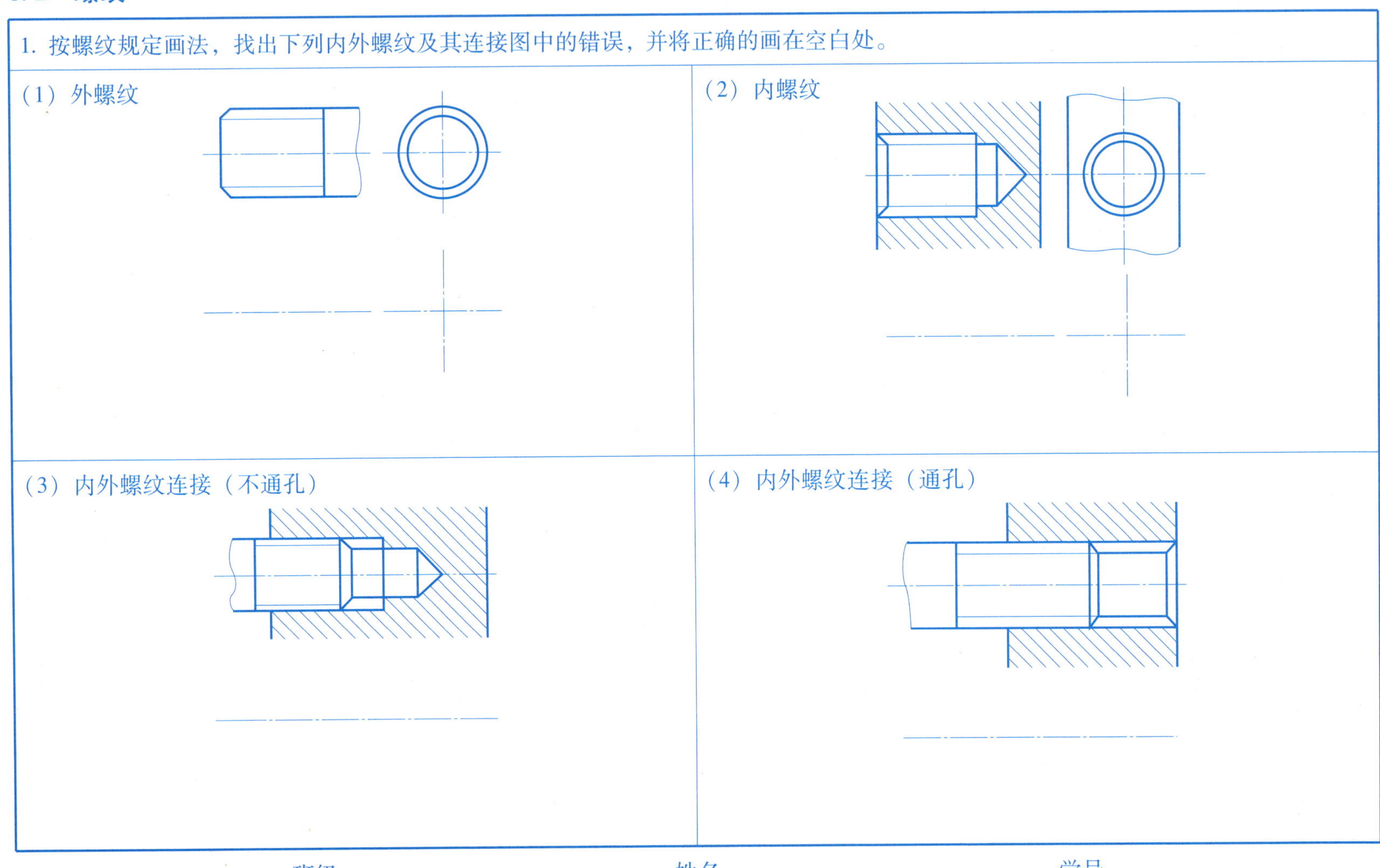

班级　　　　　　　　姓名　　　　　　　　学号

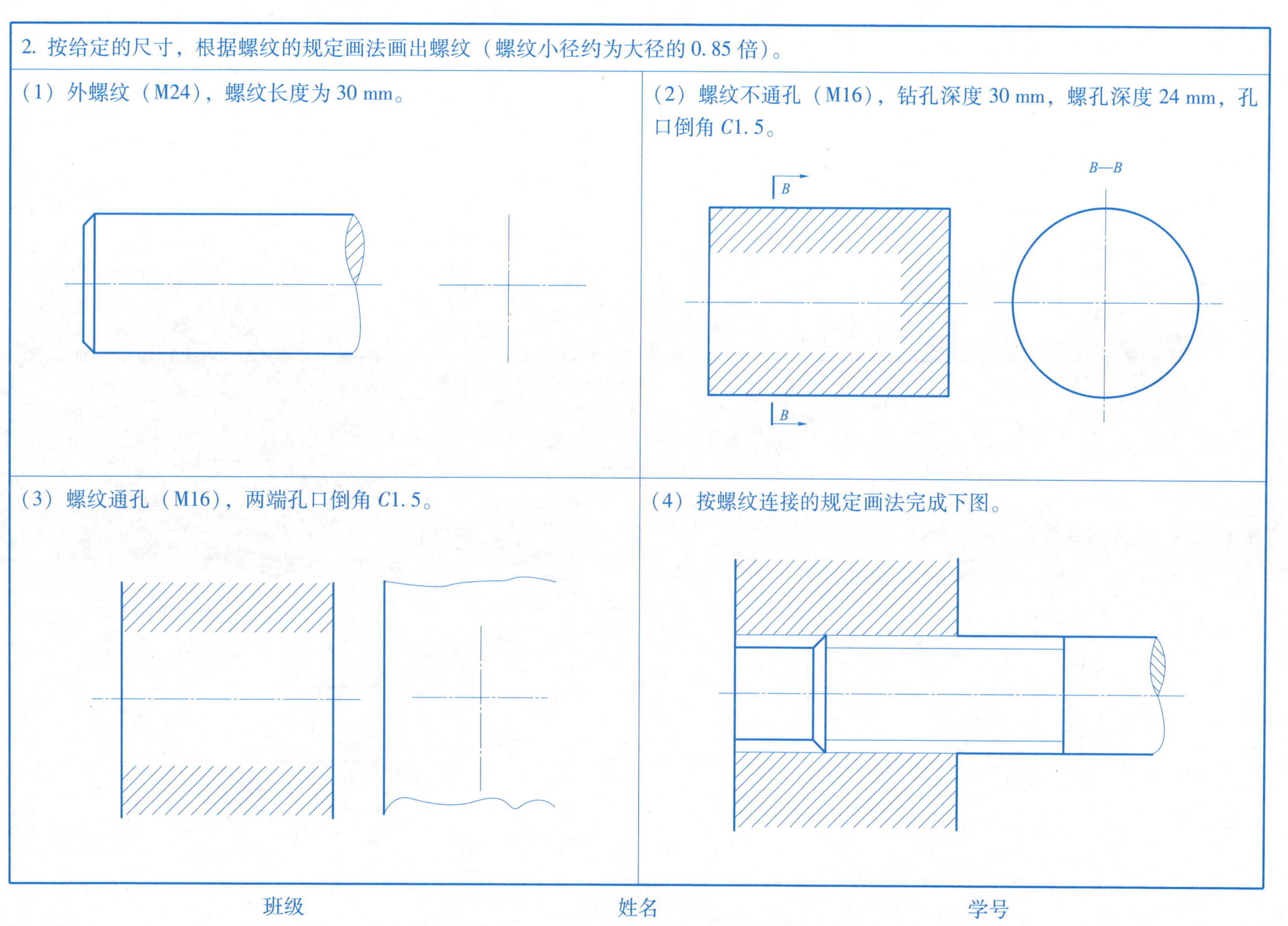
2. 按给定的尺寸，根据螺纹的规定画法画出螺纹（螺纹小径约为大径的 0.85 倍）。
（1）外螺纹（M24），螺纹长度为 30 mm。
（2）螺纹不通孔（M16），钻孔深度 30 mm，螺孔深度 24 mm，孔口倒角 C1.5。
B
B—B
B
（3）螺纹通孔（M16），两端孔口倒角 C1.5。
（4）按螺纹连接的规定画法完成下图。

班级　　　　　　姓名　　　　　　学号

3. 在下列图中标出各自的规定标记。

(1) 普通粗牙外螺纹，大径 24 mm，螺距 3 mm，公差带代号 5g6g，右旋。

(2) 普通细牙螺纹，大径 20 mm，螺距 1.5mm，公差带代号 7H，左旋，中等旋合长度。

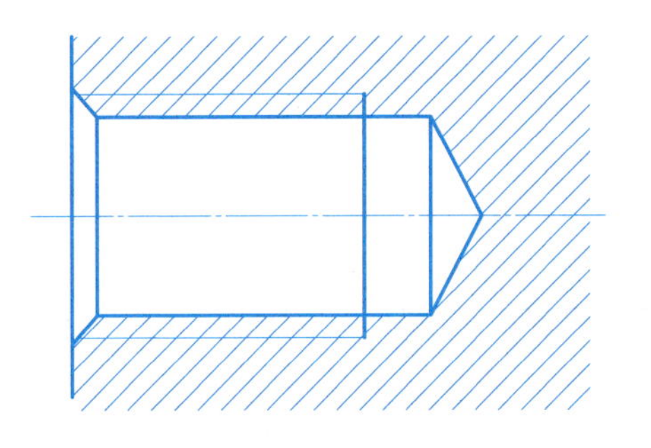

(3) 梯形螺纹，大径 24 mm，导程 6 mm，螺距 3 mm，左旋，公差带代号 7e，中等旋合长度。

(4) 单线梯形螺纹，大径 36 mm，螺距 6 mm，左旋。

班级　　　　姓名　　　　学号

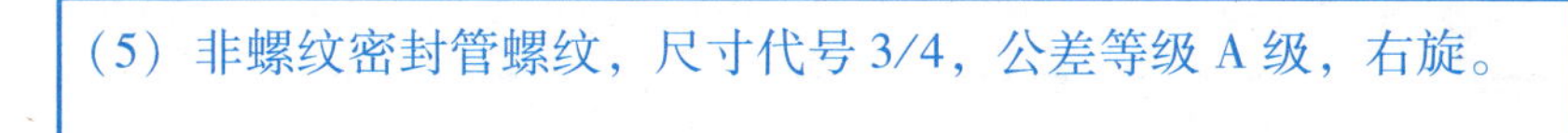
（5）非螺纹密封管螺纹，尺寸代号 3/4，公差等级 A 级，右旋。

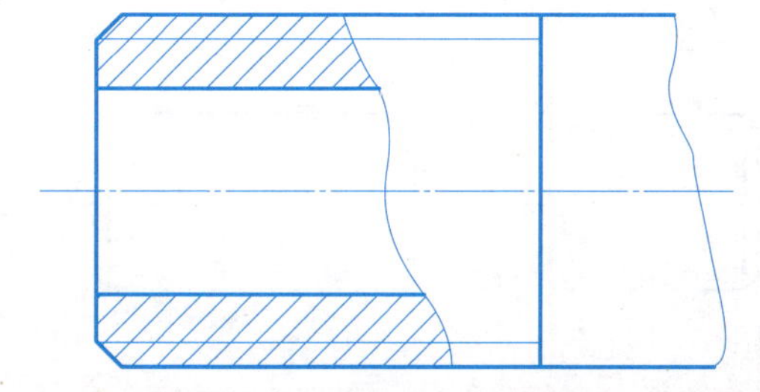

（6）用螺纹密封的管螺纹（圆锥内螺纹），尺寸代号 3/8，右旋。

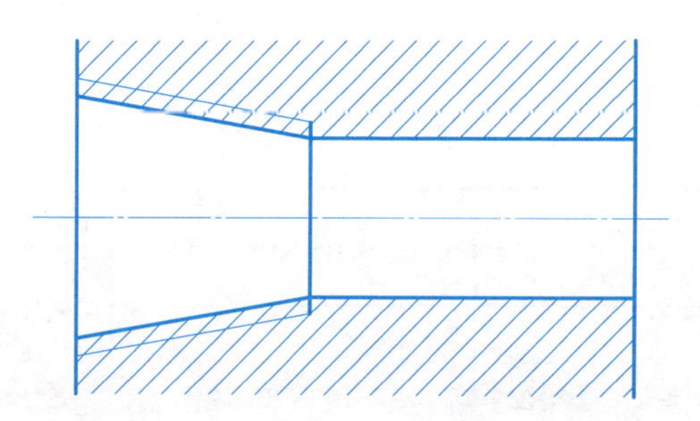

（7）用螺纹密封的管螺纹（圆柱内螺纹），尺寸代号 1/2，左旋。

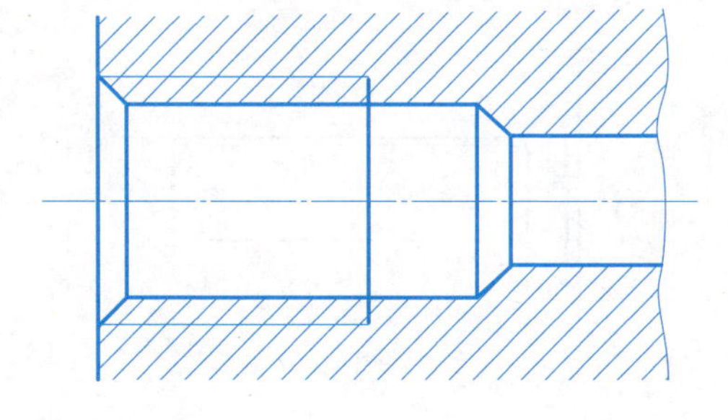

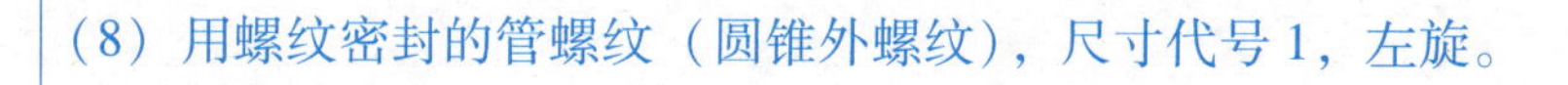
（8）用螺纹密封的管螺纹（圆锥外螺纹），尺寸代号 1，左旋。

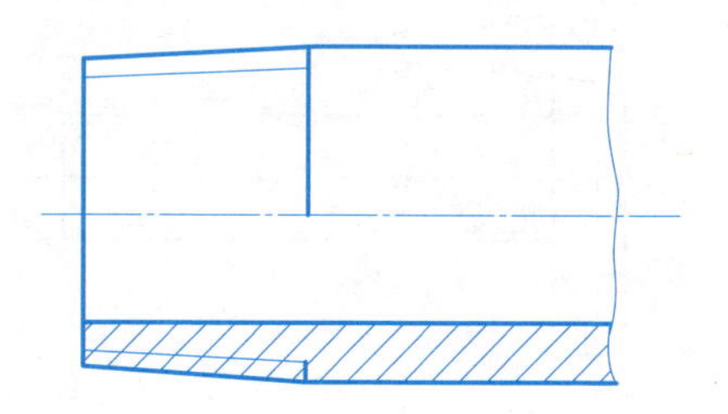

班级　　　　　　　　　　姓名　　　　　　　　　　学号

8.2 螺纹紧固件

1. 查表确定下列各标准件的尺寸，并写出规定标记。

(1) 六角头螺栓—C 级。

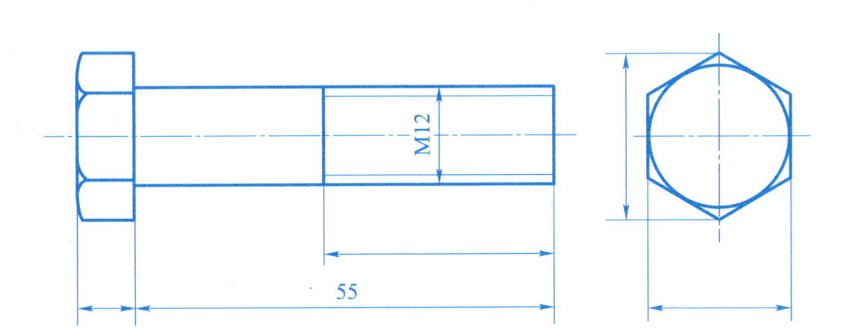

规定标记：________________

(2) 双头螺柱，B 型，$b_m = 1.25d$。

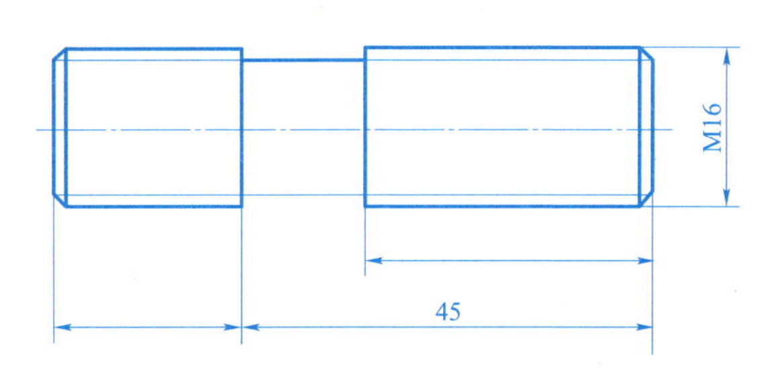

规定标记：________________

(3) 开槽圆柱头螺钉。

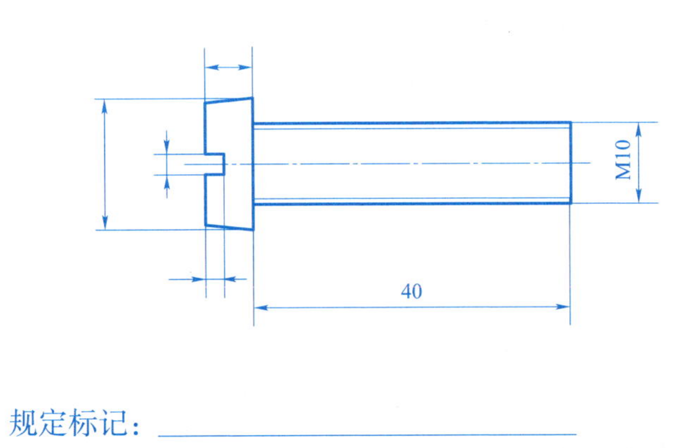

规定标记：________________

(4) 开槽沉头螺钉。

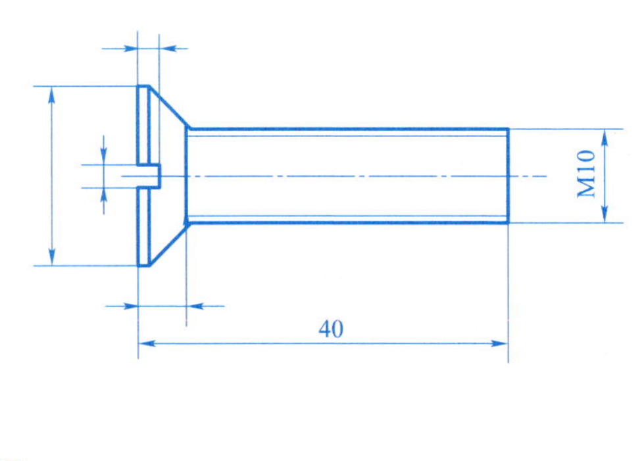

规定标记：________________

班级　　　　姓名　　　　学号

（5）六角头螺母—C 级。

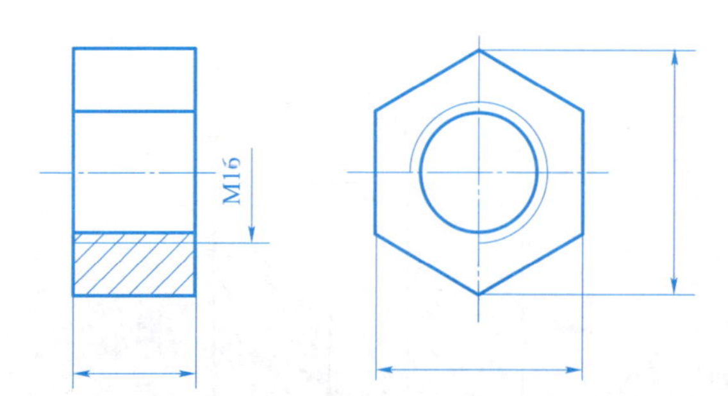

规定标记：

（6）平垫圈，C 级。

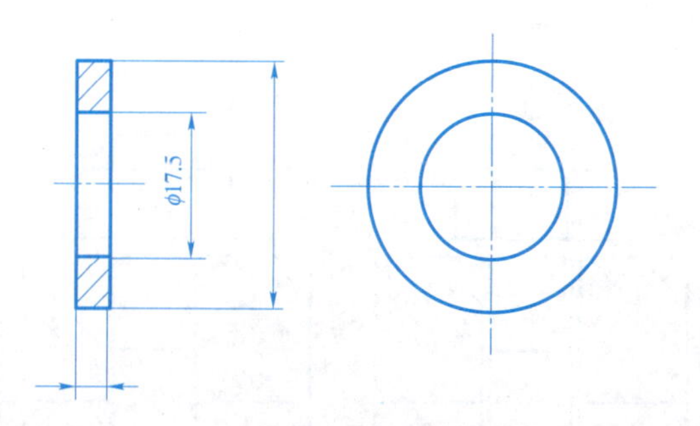

规定标记：

（7）圆柱销（公称直径为 10 mm，长度为 50 mm）。

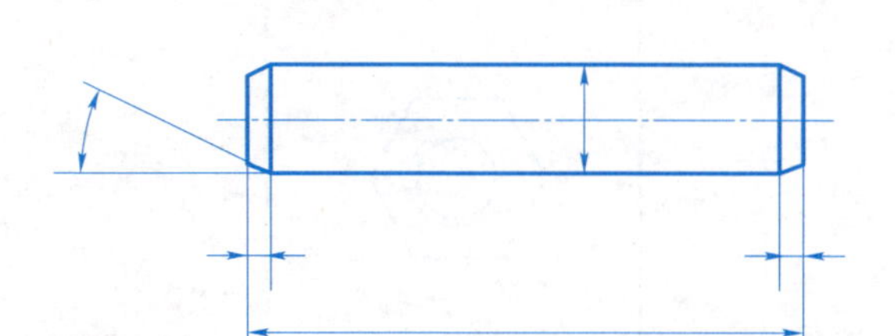

规定标记：

（8）圆锥销（A 型，公称直径为 10 mm，长度为 50 mm）。

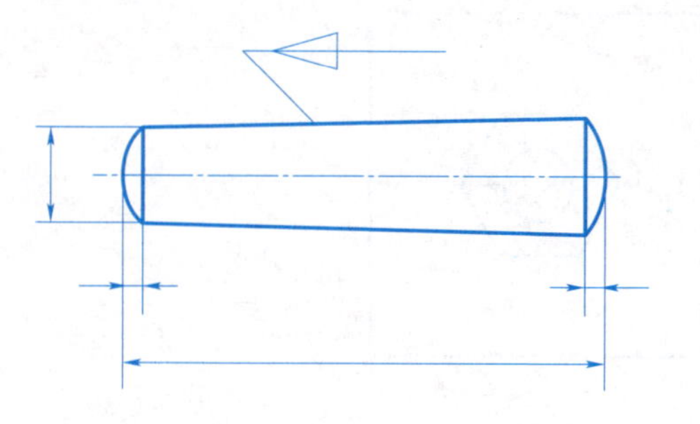

规定标记：

班级 姓名 学号

2. 徒手圈出以下螺栓连接和双头螺柱连接中的错误。

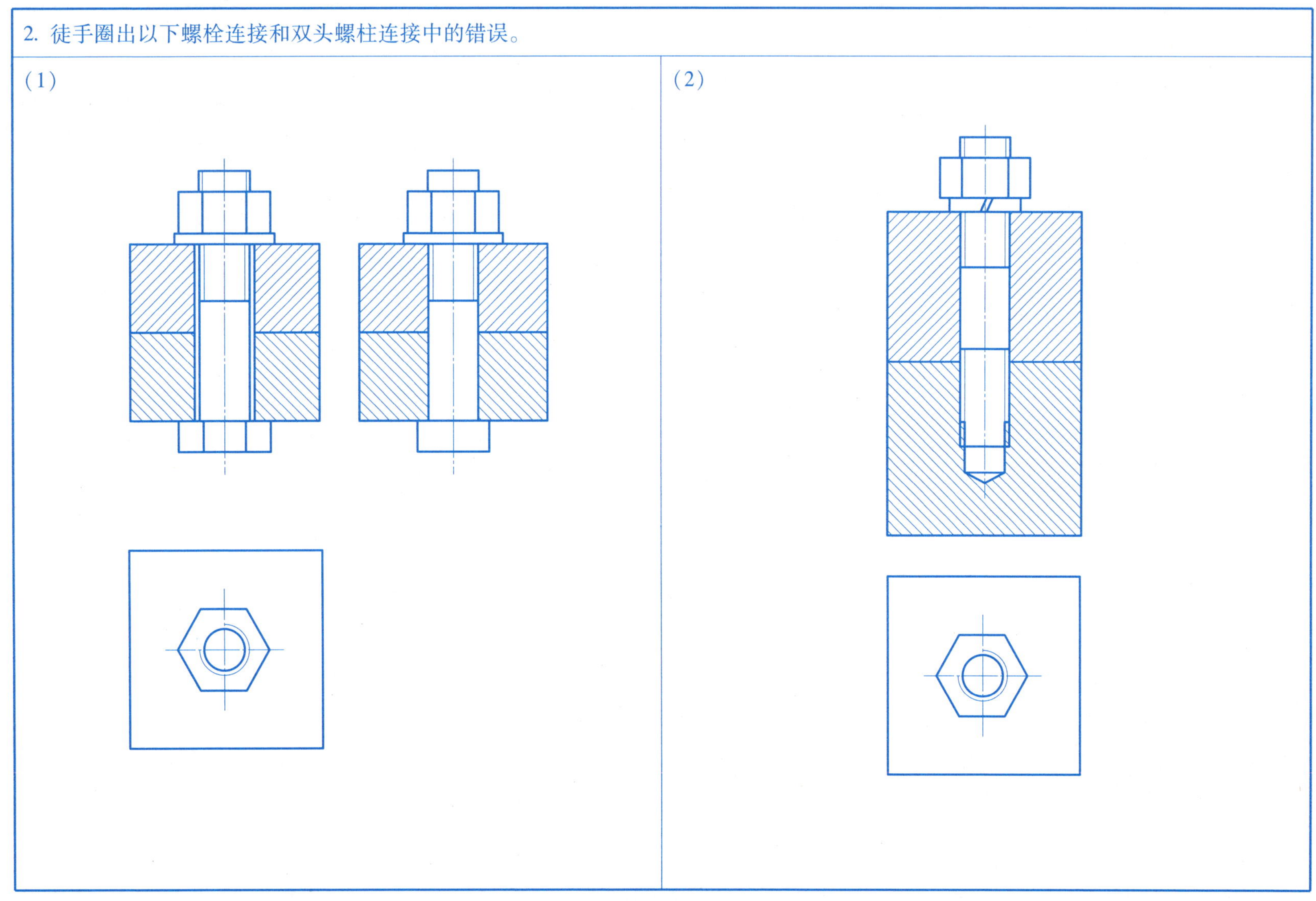

班级　　　　姓名　　　　学号

3. 已知螺栓 GB/T 5782—2000 M16（长度计算后查表确定），螺母 GB/T 6170—2000 M16，垫圈 GB/T 97.1—2002 16，用查表画法画出螺栓连接的三视图。

班级　　　　　　姓名　　　　　　学号

8.3 键销连接

1. 已知轴和齿轮用 A 型普通平键连接，轴孔直径为 40mm，键长 40mm。

（1）查表确定键和键槽的尺寸，按 1：2 的比例完成轴和齿轮的图形，并标注尺寸。

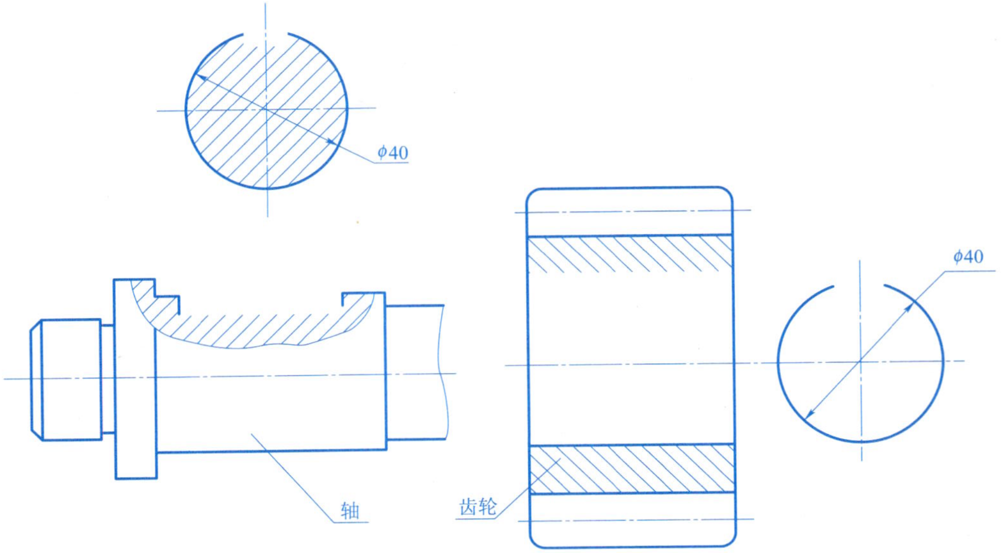

（2）用键将轴和齿轮连接起来，完成连接图。

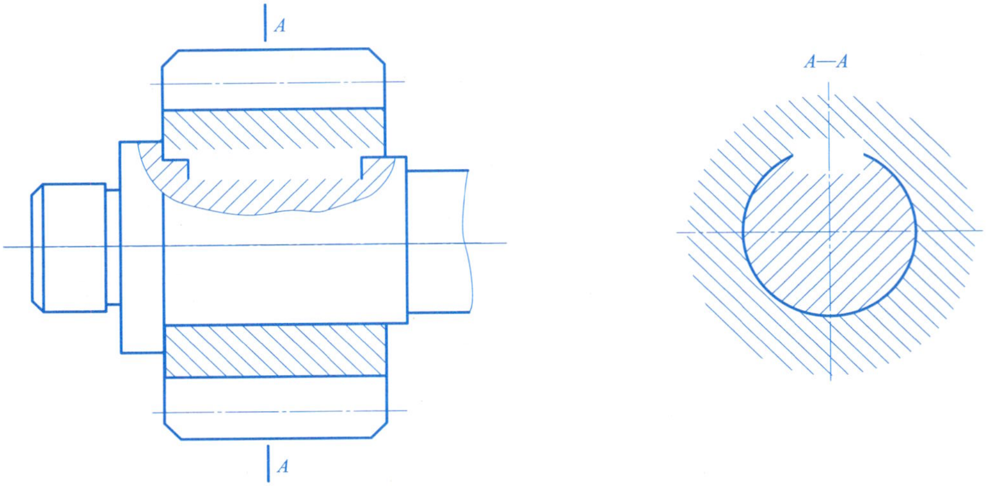

班级　　　　姓名　　　　学号

8.4 滚动轴承

1. 查表确定滚动轴承的尺寸，并在下图画出滚动轴承与轴的装配图。	
（1）滚动轴承 6305 GB/T 276—1994。	（2）滚动轴承 30306 GB/T 297—1994。

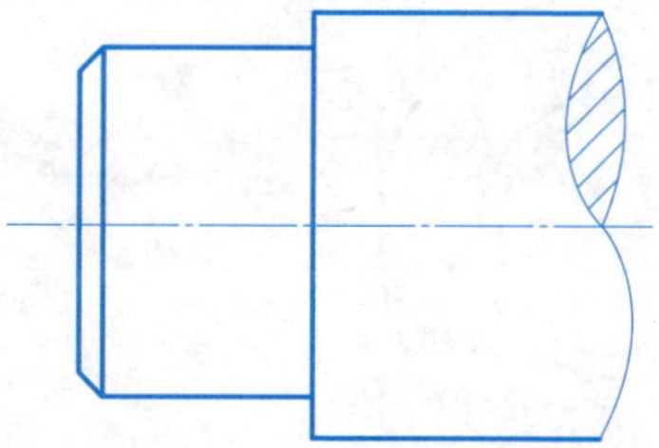

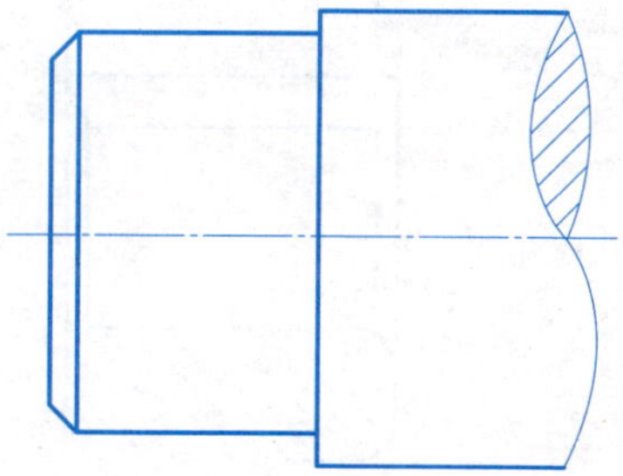

班级　　姓名　　学号

8.5 齿轮

1. 已知直齿圆柱齿轮模数 $m=4$，齿数 $z=20$，计算齿轮分度圆直径（d）、齿顶圆直径（d_a）、齿根圆直径（d_f），按 1∶1 比例完成齿轮的两个视图，并标注尺寸（轮齿倒角为 $C1$）。

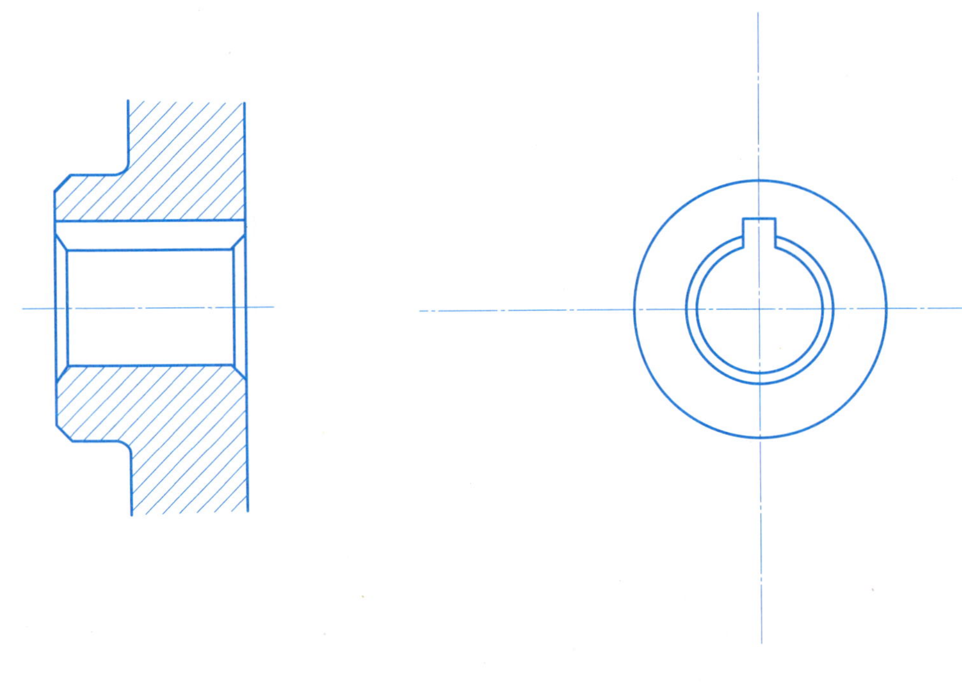

班级　　　　　　　　　　姓名　　　　　　　　　　学号

2. 已知大齿轮 $m=40$ mm，$z=40$，两齿轮中心距 $a=120$ mm，计算大小齿轮的基本尺寸，按 1∶2 比例完成两齿轮啮合图。

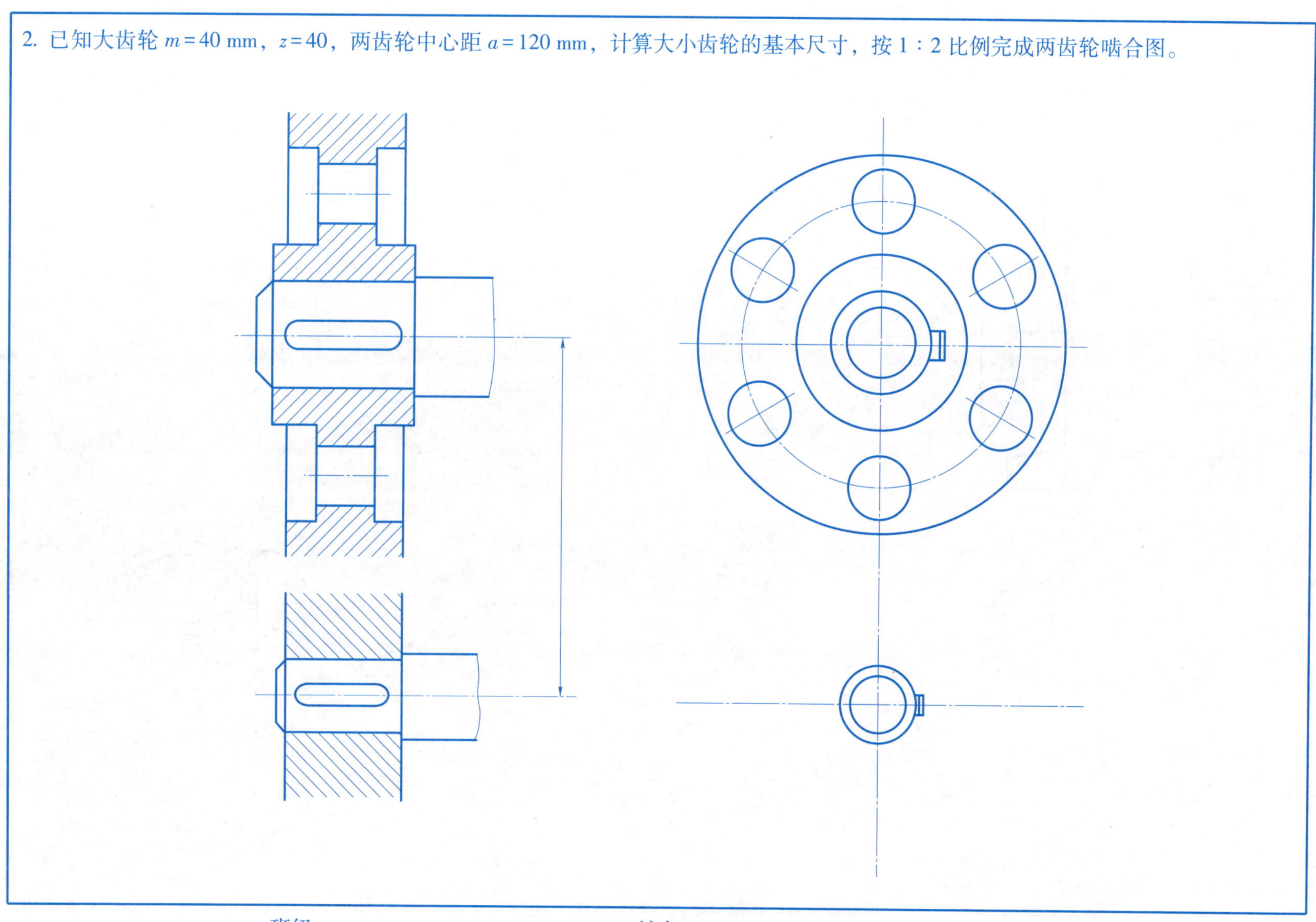

班级　　　　　　　　　　姓名　　　　　　　　　　学号

第 9 章　零件图

9.1　零件图的表达方案

1. 根据立体图和给出的主视图，选择其他视图，将零件表达清楚。

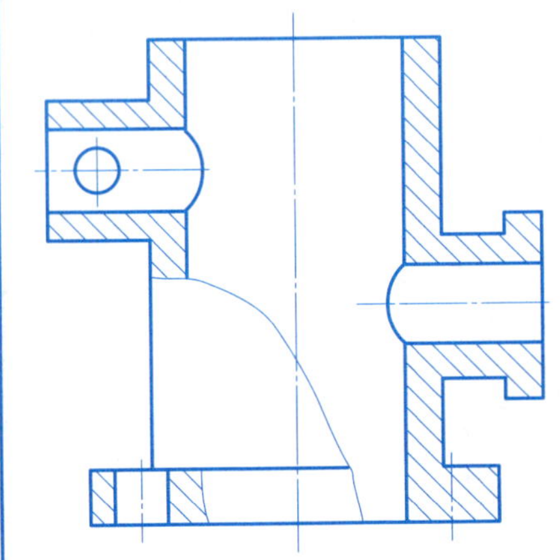

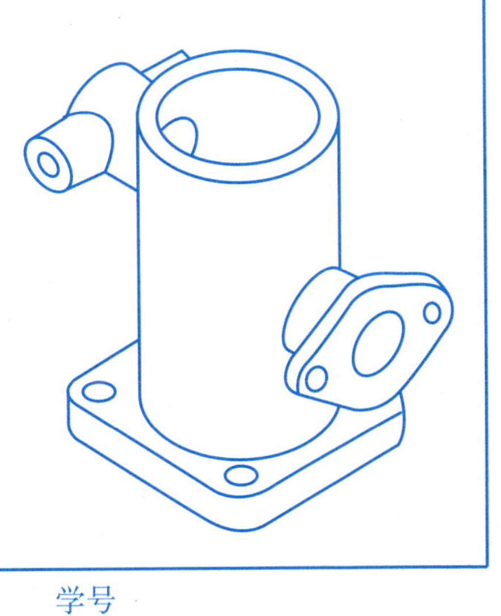

班级　　姓名　　学号

2. 读下图，并确定表达方案。

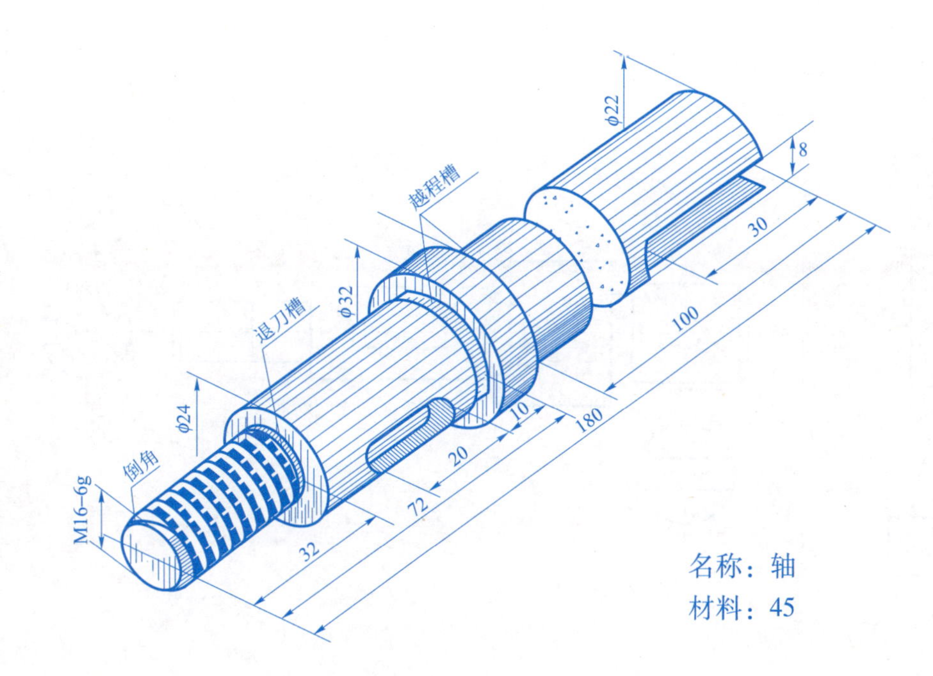

名称：轴
材料：45

班级 姓名 学号

9.2 零件图的尺寸标注

1. 标注图示的轴承座的尺寸（尺寸由图中量取并取整数）。

2. 标注轴的尺寸（尺寸由图中量取并取整数，右端螺纹 M10-5g6g）。

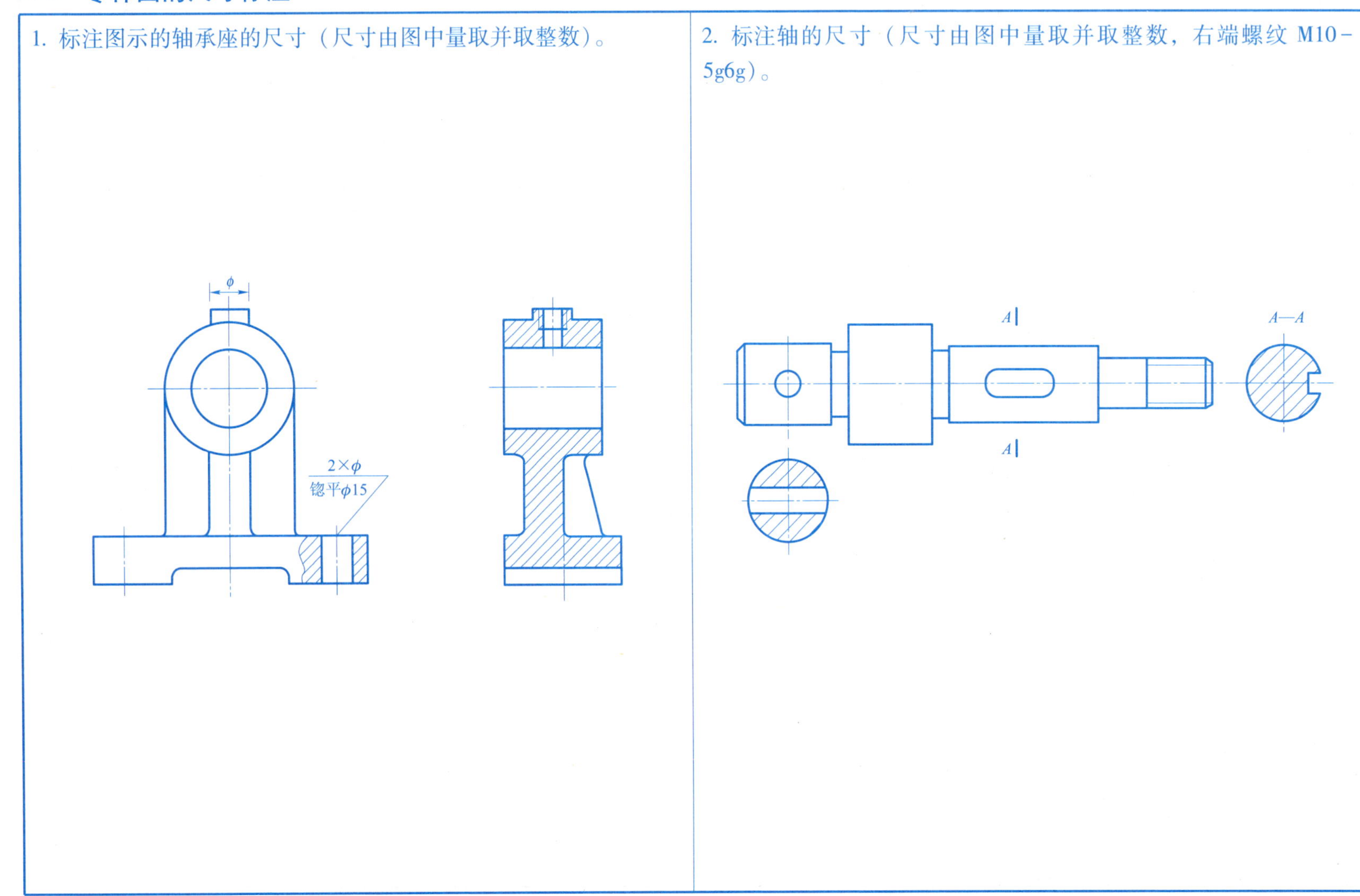

班级　　　　姓名　　　　学号

3. 指出零件长、宽、高三个方向的主要尺寸基准。

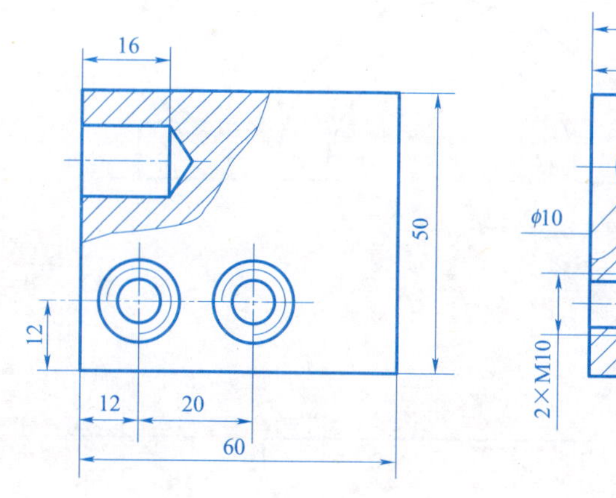

4. 分析下图中尺寸标注的错误，并作正确标注。

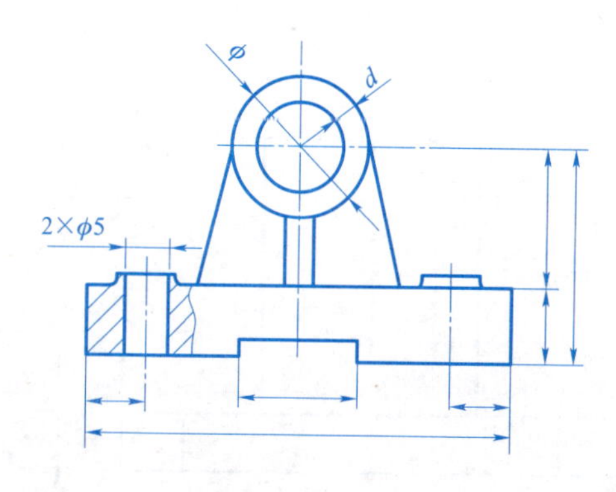

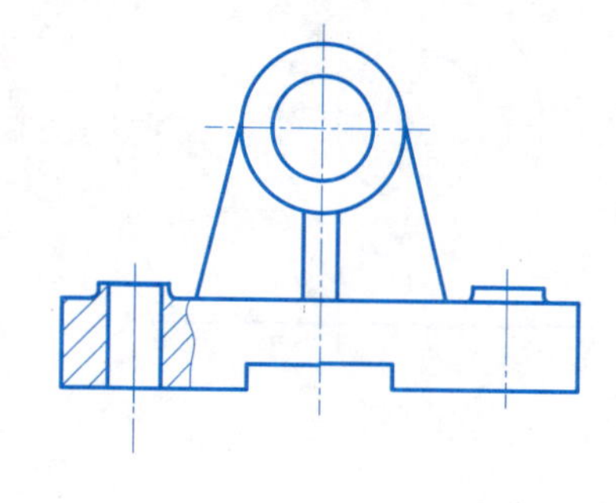

班级　　　　　　　　姓名　　　　　　　　学号

5. 指出视图中重复的尺寸（打叉），并标注遗漏的尺寸（不注尺寸数字）。

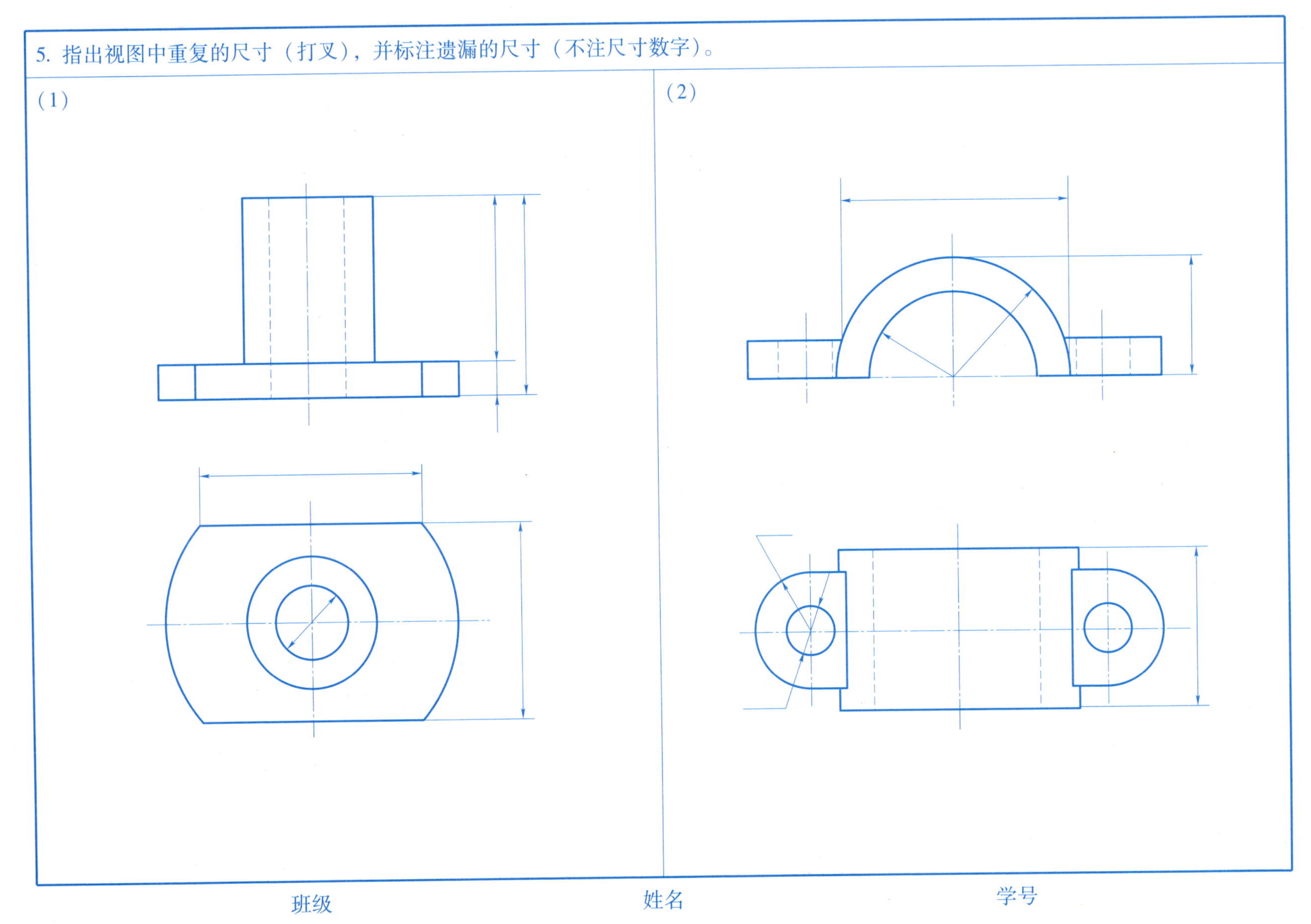

班级　　　　姓名　　　　学号

9.3 零件图的技术要求——表面结构

1. 分析图（a）表面结构标注的错误，在图（b）中正确标注。

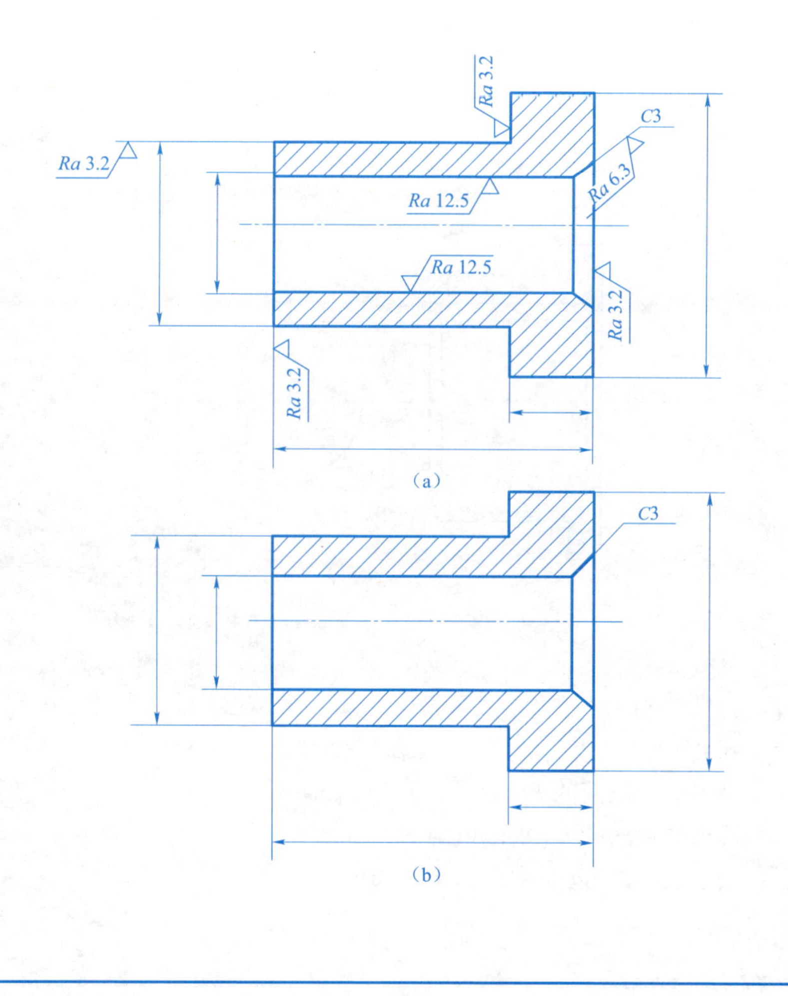

（a）

（b）

2. 按要求标注零件的表面结构符号。

（1）各个圆柱面的 Ra 上限值为 3.2 μm。

（2）倒角的 Ra 上限值为 12.5 μm。

（3）各个平面的 Ra 上限值为 6.3 μm。

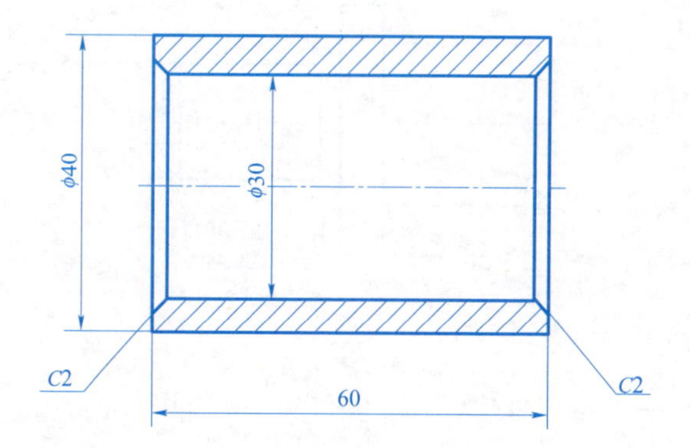

班级　　　　姓名　　　　学号

3. 根据已知条件标注下列零件的表面结构符号。

(1)

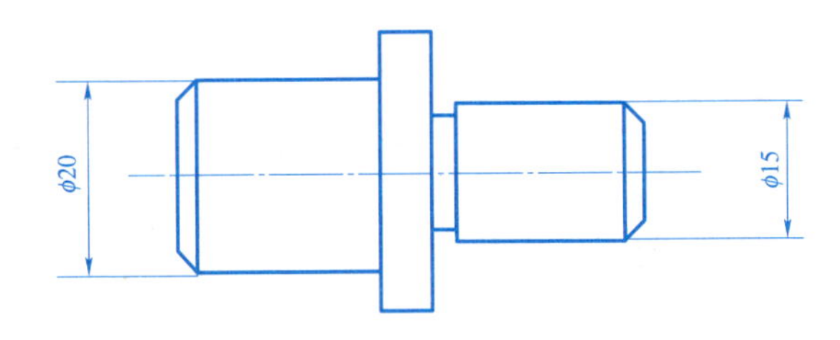

① ϕ15 mm 和 ϕ20 mm 圆柱表面的 *Ra* 上限值为 1.6 μm。

② 其余表面的 *Ra* 上限值为 6.3 μm。

(2)

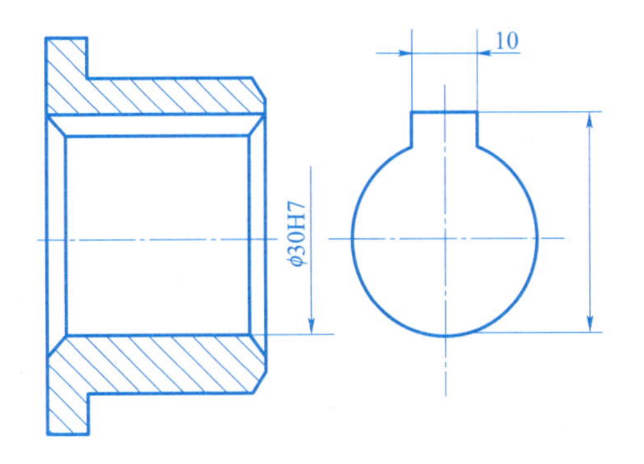

① 孔 ϕ30H7 内表面的 *Ra* 上限值为 1.6 μm。

② 键槽的两侧面的 *Ra* 上限值为 3.2 μm。

③ 键槽的顶面的 *Ra* 上限值为 6.3 μm。

④ 其余表面的 *Ra* 上限值为 12.5 μm。

班级　　　　姓名　　　　学号

9.4 零件图的技术要求——极限与配合

1. 根据配合代号查表，并将有关数据填在表中。

项目			基本尺寸	最大极限尺寸	最小极限尺寸	上偏差	下偏差	公差	基本偏差
$\phi 50\frac{K7}{h6}$	孔	$\phi 50^{+0.007}_{-0.018}$							
	轴	$\phi 50^{0}_{-0.016}$							

2. 解释配合代号的意义，分别标注出轴和孔的直径及极限偏差。

ϕ40H8/f7：基本尺寸________，属于基________制________配合，孔的公差等级为________，轴的公差等级为________。

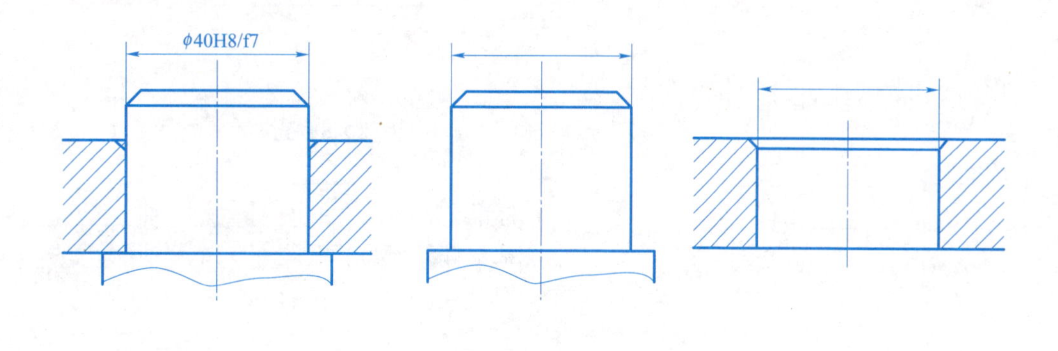

班级　　　　　　　　　　姓名　　　　　　　　　　学号

3. 填空

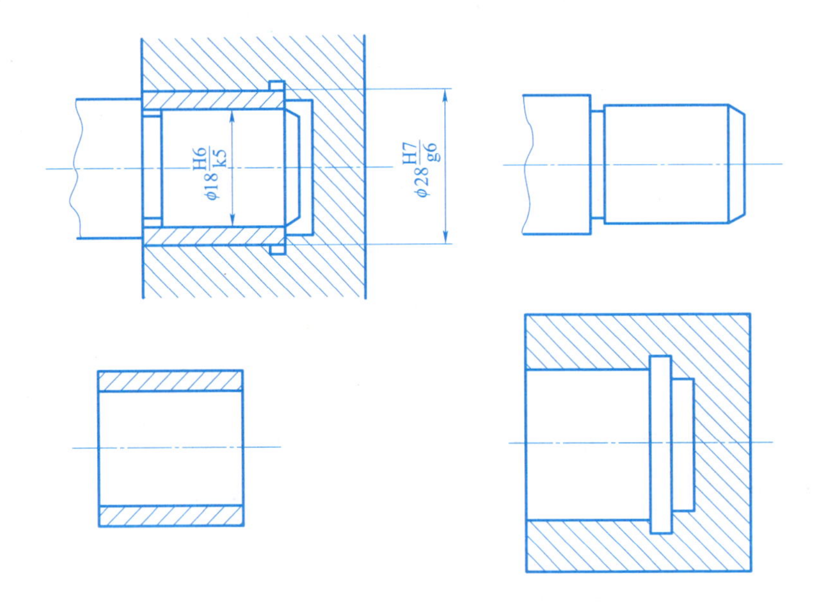

(1) ϕ28H7/g6 的含义是：

基本尺寸为__________基准制为__________；

标准公差等级：孔________ 轴________级；

基本偏差代号：孔________ 轴________；

配合性质为____配合。

(2) ϕ18H6/k5 的含义是：

基本尺寸为__________基准制为__________；

标准公差等级：孔________ 轴________级；

基本偏差代号：孔________ 轴________；

配合性质为____配合。

班级　　　　姓名　　　　学号

9.5 零件图的技术要求——几何公差

1. 按几何公差要求用代号的形式标注在图样上。

(1)

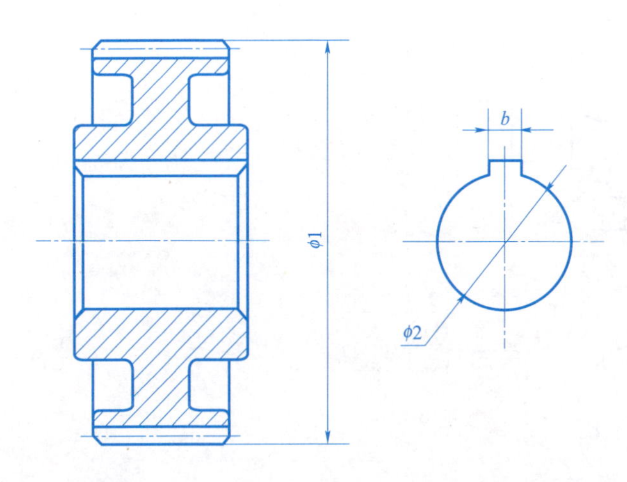

① 齿轮外圆柱面 φ1 对轴孔 φ2 轴线的径向圆跳动公差为 0.022 mm。

② 键槽 *b* 的两侧面的对称平面对轴孔 φ2 轴线的对称度公差值为 0.02 mm。

③ 齿轮轮毂的左、右端面对轴孔 φ2 轴线的端面圆跳动为 0.022 mm。

④ 轴孔 φ2 轴线的直线度公差为 φ0.01 mm。

(2)

① 槽 25 两侧面的对称平面对 50 的两侧面的对称平面的对称度公差值为 0.06 mm。

② 槽 25 的对称平面对底面的垂直度公差值为 0.05 mm。

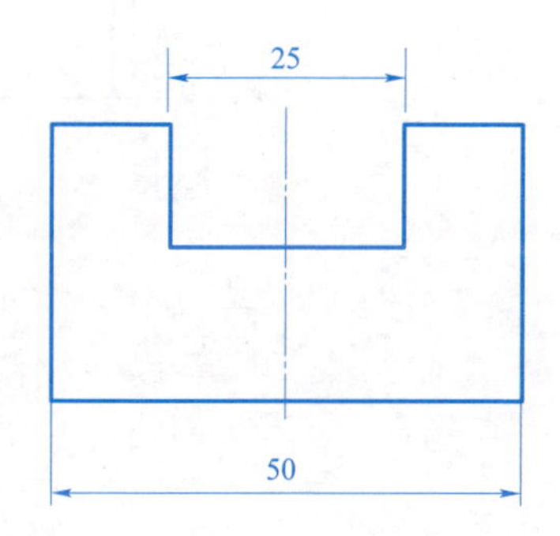

(3)

① φ45h7 的轴线对 φ25h6 轴线的同轴度公差值为 φ0.02 mm。

② 端面 *A* 对 φ25h6 轴线的端面圆跳动公差值为 0.04 mm。

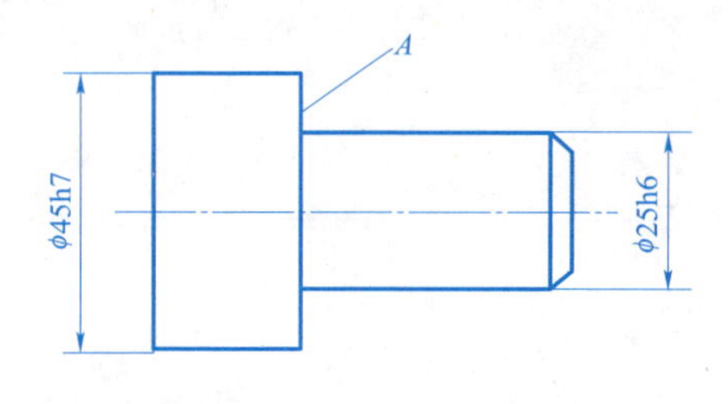

班级　　　　　　　　姓名　　　　　　　　学号

2. 解释几何公差的含义。

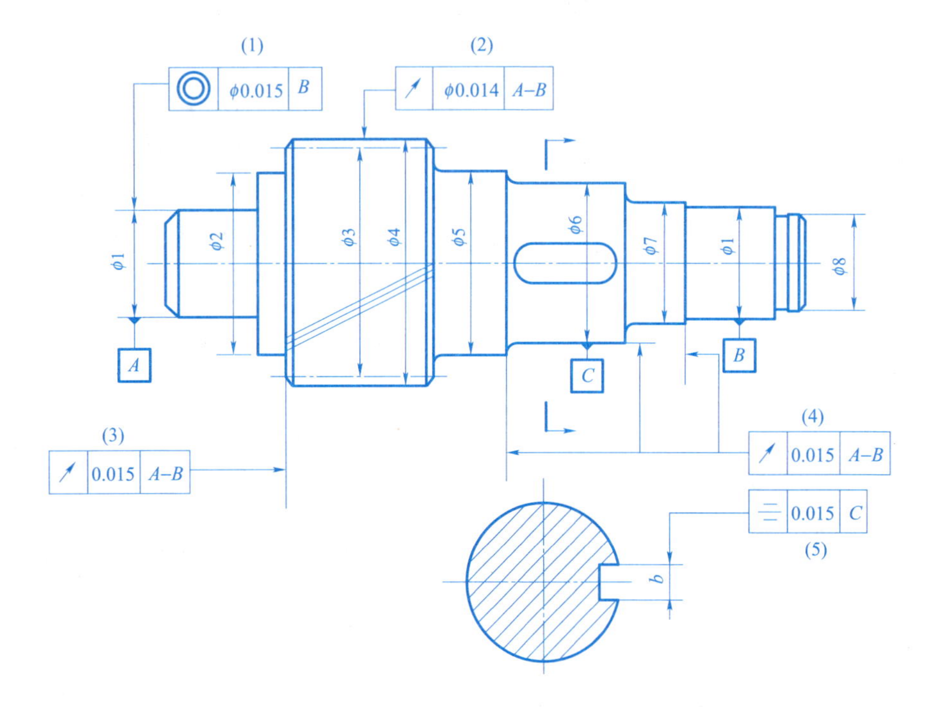

(1) ____________________

(2) ____________________

(3) ____________________

(4) ____________________

(5) ____________________

班级　　　　姓名　　　　学号

9.6 读零件图

1. 读零件图

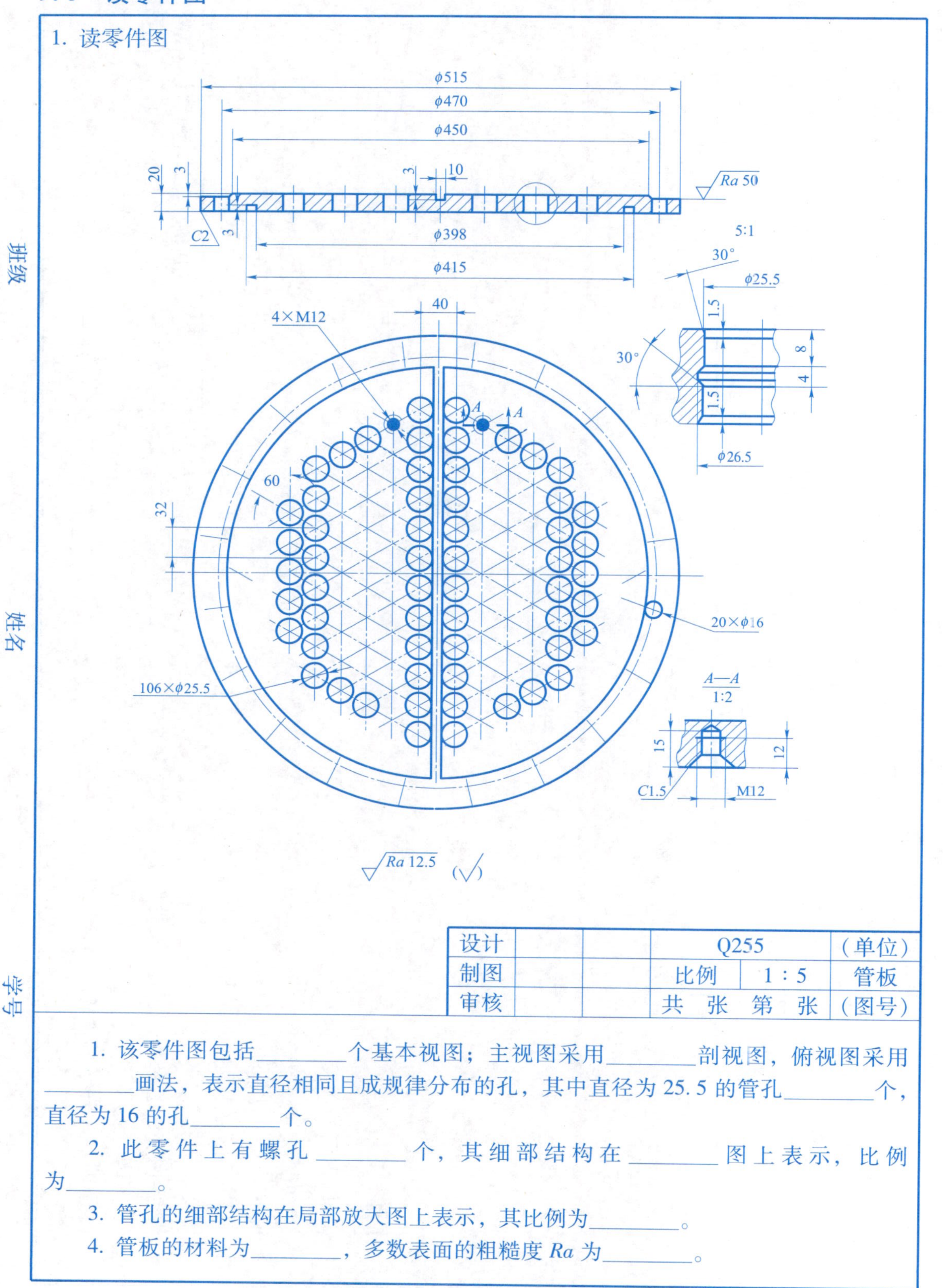

1. 该零件图包括________个基本视图；主视图采用________剖视图，俯视图采用________画法，表示直径相同且成规律分布的孔，其中直径为 25. 5 的管孔________个，直径为 16 的孔________个。

2. 此零件上有螺孔________个，其细部结构在________图上表示，比例为________。

3. 管孔的细部结构在局部放大图上表示，其比例为________。

4. 管板的材料为________，多数表面的粗糙度 *Ra* 为________。

2. 读齿轮轴零件图，在指定位置补画 *A*–*A* 断面图（键槽深 2 mm），并完成思考题。

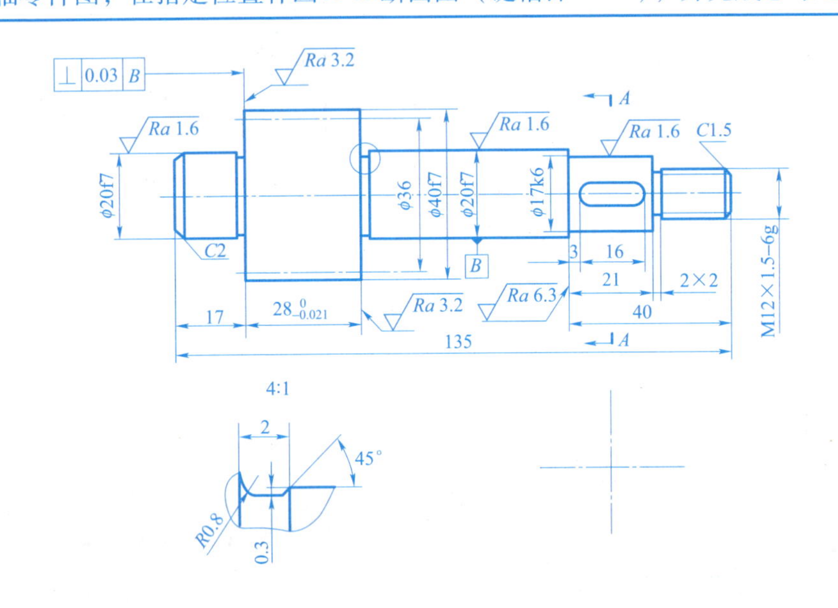

模数 m	2
齿数 z	18
压力角 α	20°
精度等级	8-7-7

技术要求

1. 调质处理 220~250 HBS。
2. 锐角倒钝。

$\sqrt{Ra\ 6.3}$ ($\sqrt{}$)

思考题

1. 说明 ϕ20f7 的含义：ϕ20 为______________，f7 是______________，如将 ϕ20f7 写成有上下偏差的形式，注法是________。
2. 说明 ⊥ 0.03 B 的含义：
3. 在图中用文字和指引线标出长、宽、高方向的主要尺寸基准，并指出轴向主要的定位尺寸。
4. 指出图中的工艺结构：它有____处倒角，其尺寸分别为______________；有____处退刀槽，其尺寸为________；局部放大图所示的结构是______________。
5. 说明 M12×1.5-6g 的含义：

齿轮轴	比例	数量	材料	图号
		1	45	CLB-12
制图				
设计				

班级　　　　姓名　　　　学号

3. 读零件图并填空。

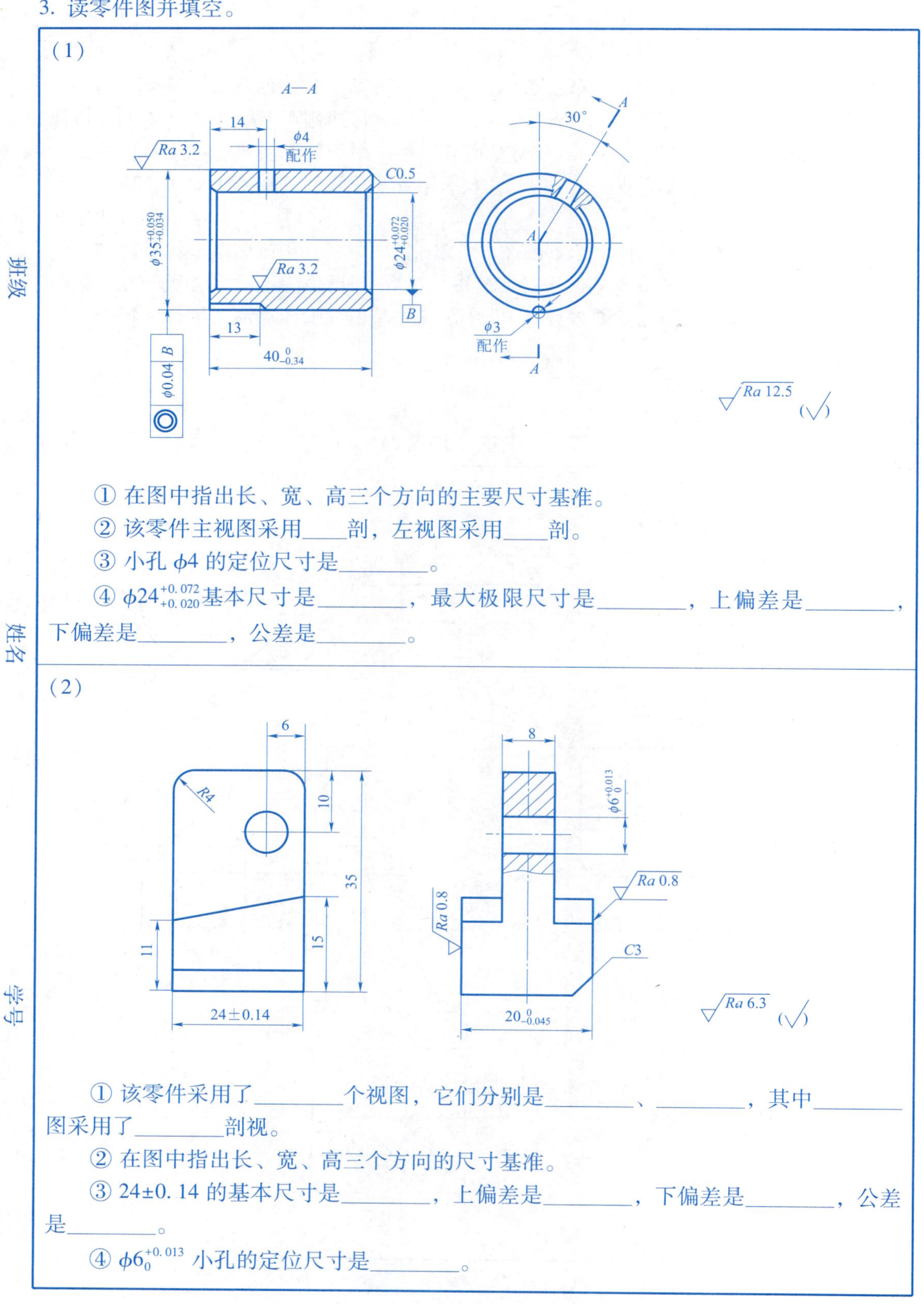

（1）

① 在图中指出长、宽、高三个方向的主要尺寸基准。

② 该零件主视图采用____剖，左视图采用____剖。

③ 小孔 $\phi4$ 的定位尺寸是________。

④ $\phi24^{+0.072}_{+0.020}$基本尺寸是________，最大极限尺寸是________，上偏差是________，下偏差是________，公差是________。

（2）

① 该零件采用了________个视图，它们分别是________、________，其中________图采用了________剖视。

② 在图中指出长、宽、高三个方向的尺寸基准。

③ 24±0. 14 的基本尺寸是________，上偏差是________，下偏差是________，公差是________。

④ $\phi6_{0}^{+0.013}$ 小孔的定位尺寸是________。

4. 读零件图，并填空。

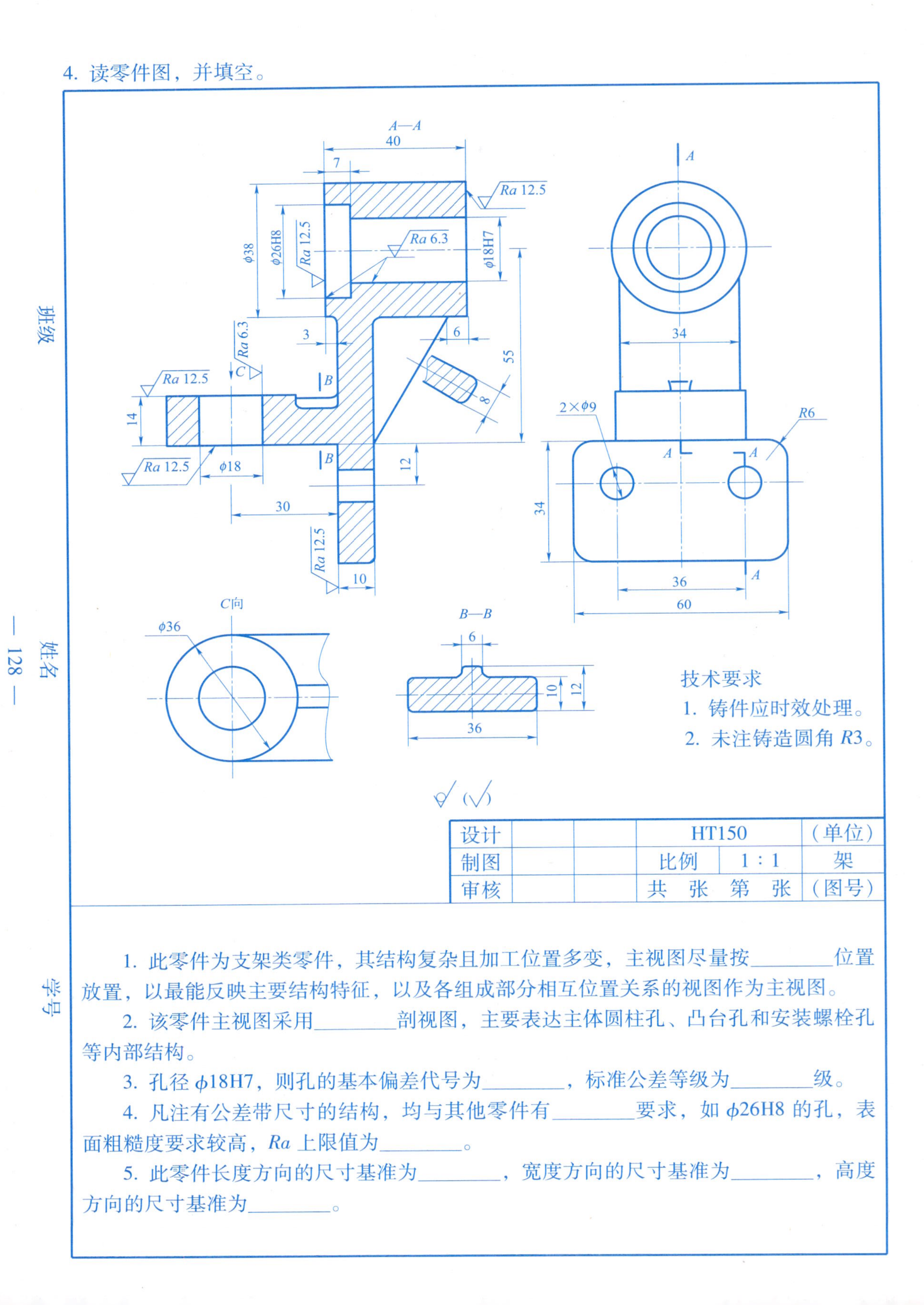

设计			HT150		（单位）
制图			比例	1 : 1	架
审核			共 张 第 张		（图号）

1. 此零件为支架类零件，其结构复杂且加工位置多变，主视图尽量按________位置放置，以最能反映主要结构特征，以及各组成部分相互位置关系的视图作为主视图。

2. 该零件主视图采用________剖视图，主要表达主体圆柱孔、凸台孔和安装螺栓孔等内部结构。

3. 孔径 φ18H7，则孔的基本偏差代号为________，标准公差等级为________级。

4. 凡注有公差带尺寸的结构，均与其他零件有________要求，如 φ26H8 的孔，表面粗糙度要求较高，Ra 上限值为________。

5. 此零件长度方向的尺寸基准为________，宽度方向的尺寸基准为________，高度方向的尺寸基准为________。

班级　　　　姓名　　　　学号

5. 读零件图并填空。

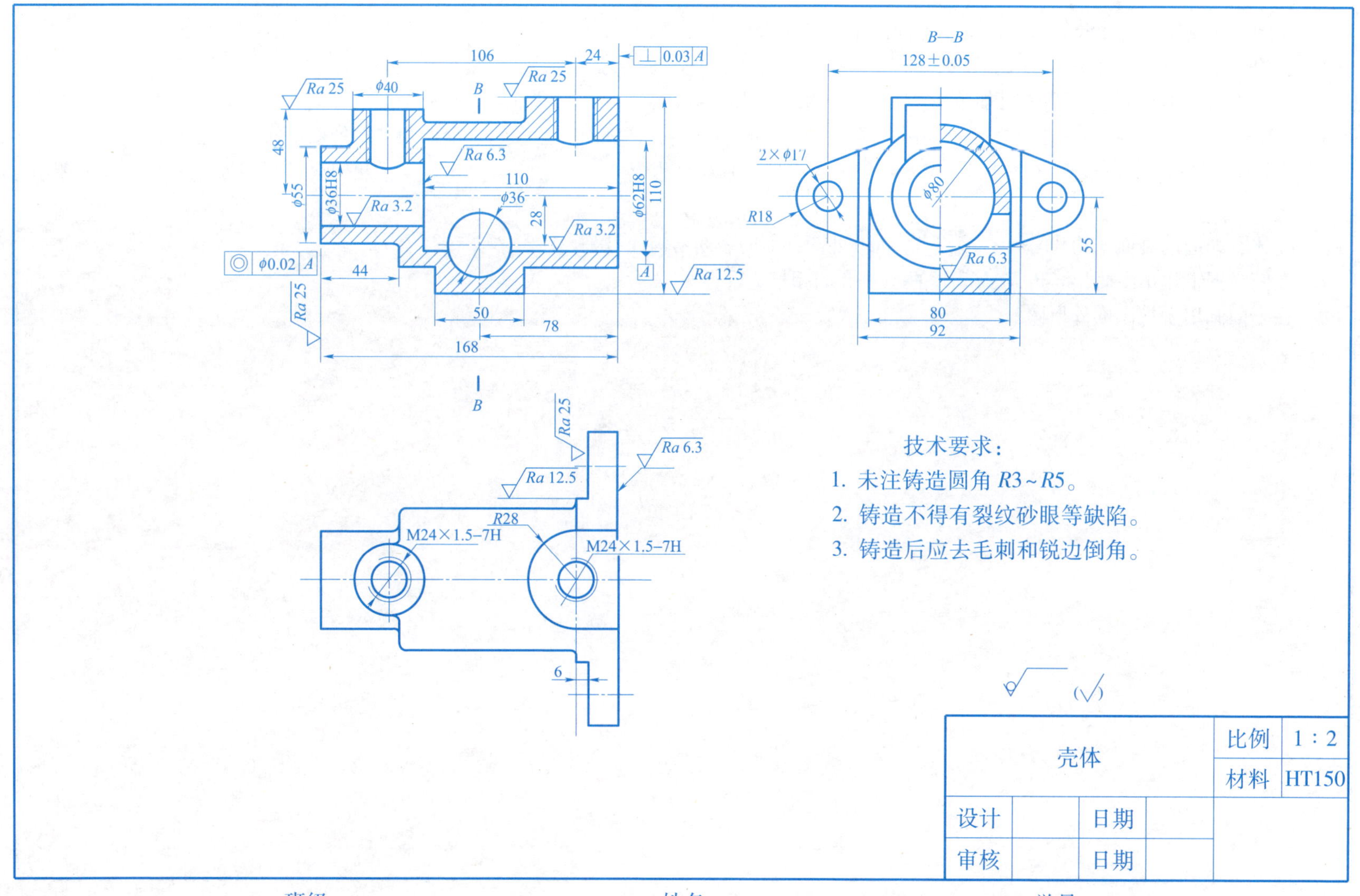

班级　　姓名　　学号

5. 读零件图并填空。（续）

（1）在图上用指引线标出长、宽、高三个方向的主要尺寸基准。

（2）ϕ62H8 表示基本尺寸是________，公差带代号是________，公差等级为________，是否基准孔________。

（3）中心距尺寸 128±0. 05，最大可加工成________，最小可加工成________，公差值是________。

（4）M24×1. 5-7H 是________螺纹，大径是________，螺距是________，旋向________，中径和顶径公差带代号是________。

（5）| ◎ | ϕ0.02 | A |表示提取组成要素是____________________，基准要素是____________________，几何公差项目是________，公差值是________。

（6）壳体右端面的表面结构代号是________，ϕ80 外圆柱面的表面结构代号是________。

（7）在俯视图上用虚线画出 ϕ36 与 ϕ62H8 两圆柱孔的相贯线投影。

（8）在下面画出主视图的外形图。

班级　　　　姓名　　　　学号

6. 读底座零件图。要求：（1）补画左视图（外形）；（2）补全所缺的两个定位尺寸和三个定形尺寸；（3）合理地标注各表面的表面结构符号。

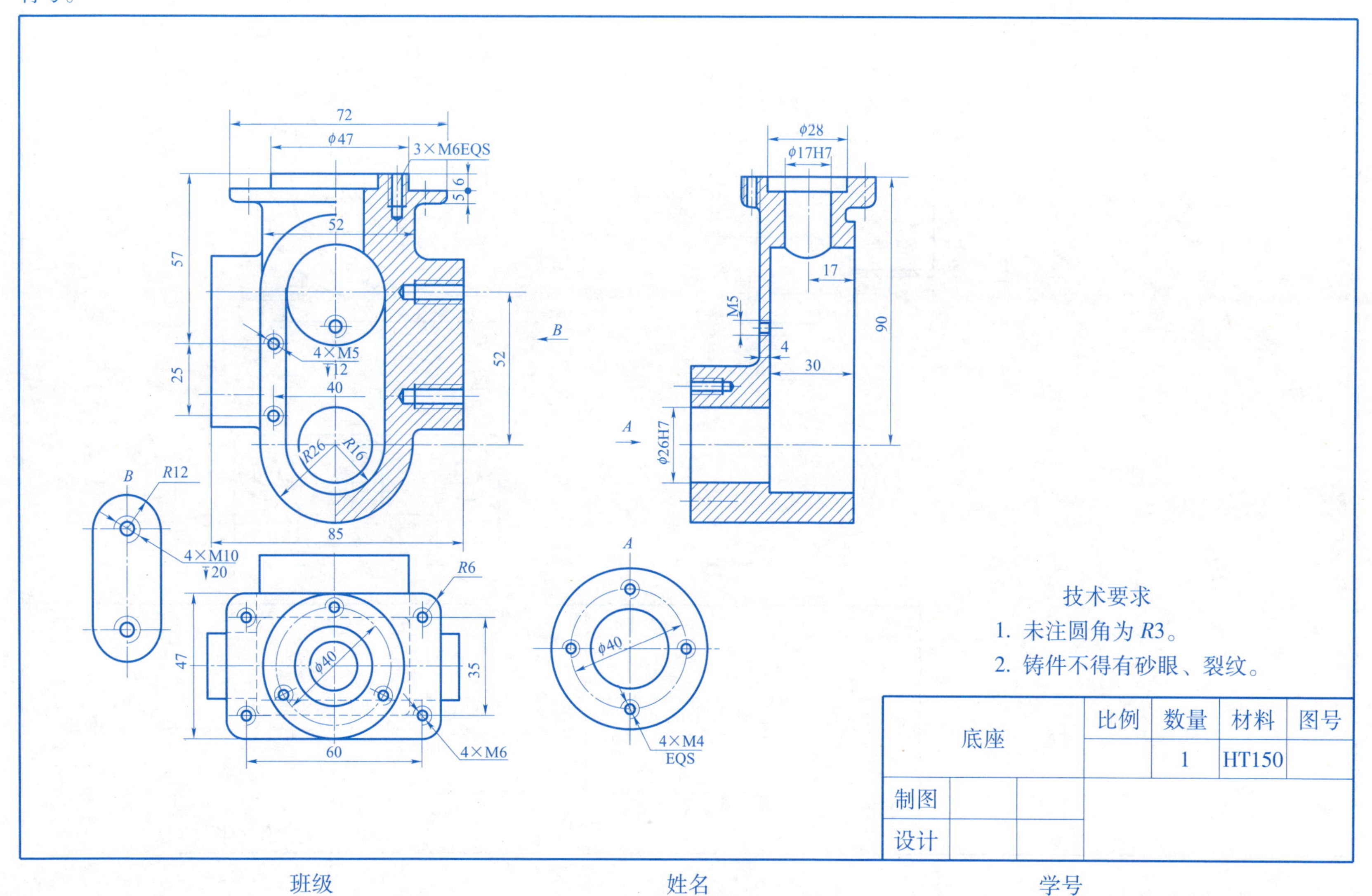

班级　　姓名　　学号

7. 读泵体零件图并回答问题。

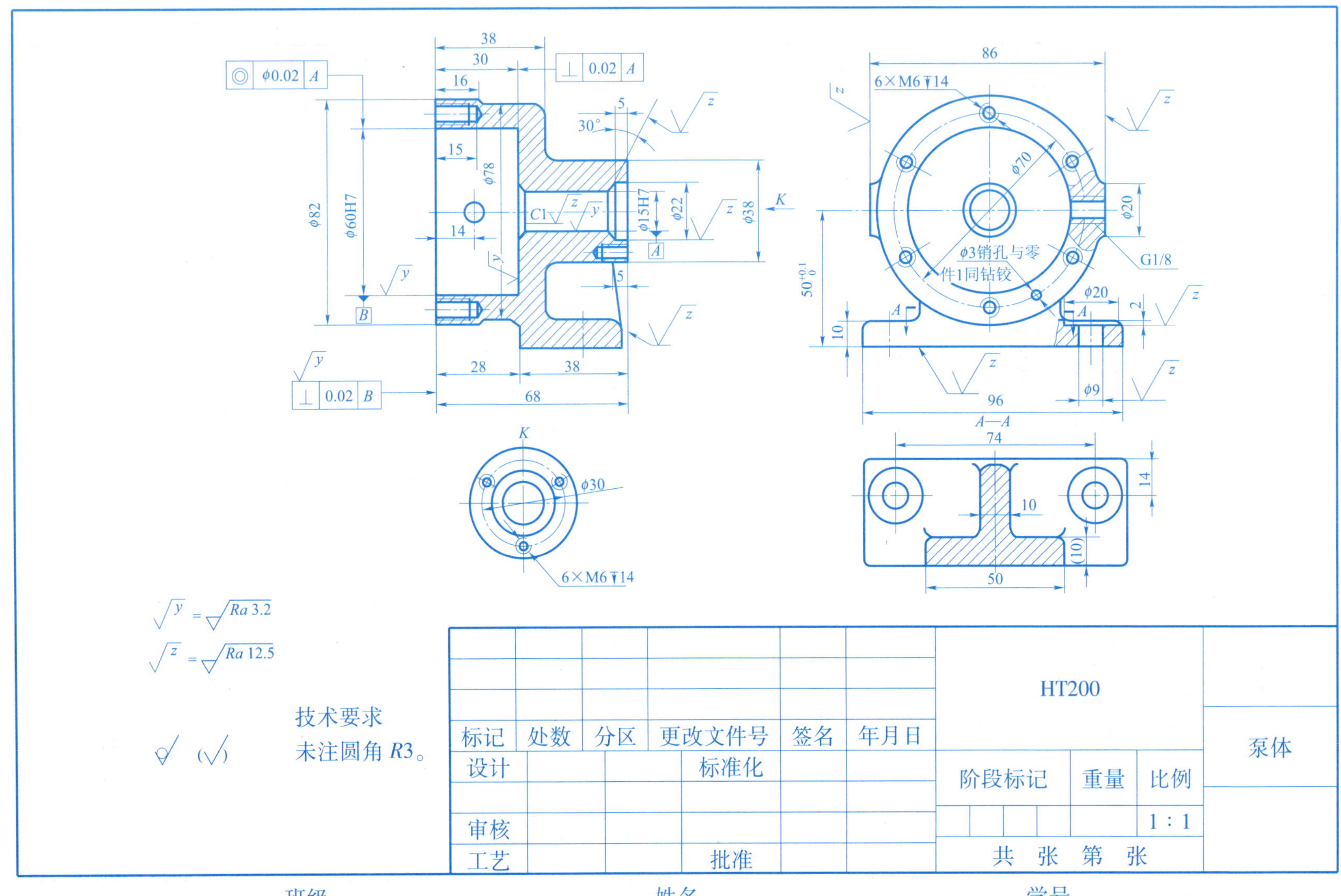

7. 读泵体零件图并回答问题。(续)

(1) 泵体共用了________个图形表达,主视图作了________剖视,左视图上有________处作了________剖视,$A—A$ 称为________图,K 称为________图。

(2) 泵体长方形底板的定形尺寸是________,底板上两沉孔的定位尺寸是________。

(3) 泵体上共有大小不同的螺孔________个,其螺纹标注分别是________________________________。

(4) 解释 ϕ60H7 的含义:________________________________。

(5) 解释 G1/8 的含义:________________________________。

(6) 解释符号 | ⊥ | 0.02 | A | 的含义:________________________________。

(7) ϕ15H7 内孔表面的表面结构要求是________,ϕ38 外圆表面的表面结构代号是________。

班级　　　　　　　　姓名　　　　　　　　学号

作业指导

1. 目的

（1）熟悉和掌握绘制零件图的基本方法和步骤。

（2）综合运用所学知识，提高绘制生产中实用零件图的能力。

2. 内容与要求

（1）根据给定的轴测图绘制零件图。

（2）用 A3 图纸绘制，比例自定。

3. 注意事项

（1）绘图时，应严肃、认真，以高度负责的态度进行。

（2）全面运用已学过的知识，综合加以应用。

（3）绘制的零件图应符合以下要求：

① 符合国家标准（如视图画法及其标注，尺寸标注，技术要求的注写，标准结构的画法及标注等）。

② 尽量符合生产实际（如工艺结构的合理性，所注尺寸便于加工和测量，表面结构、极限与配合、几何公差的选用既能保证零件的质量，又能使零件的生产成本尽可能低）。

③ 布局合理，图形简洁，尺寸清晰，字迹工整，便于他人看图。

图中未标注的尺寸直接从图上量取，比例 1：3。

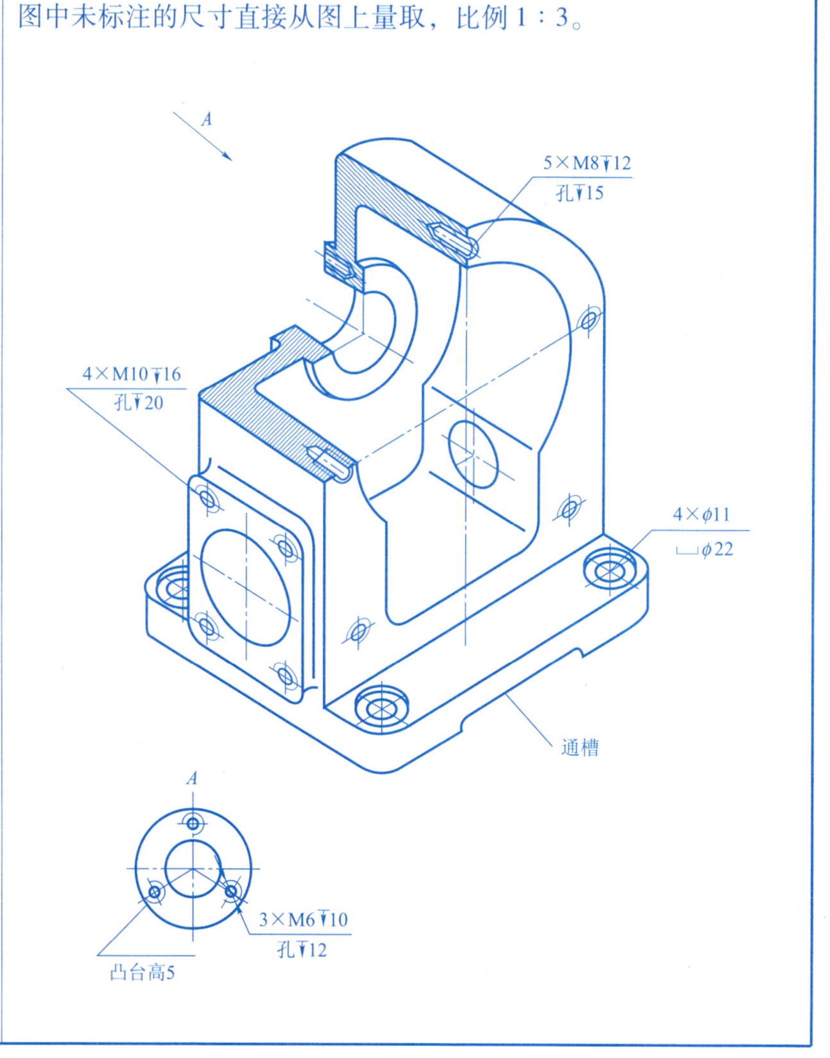

班级　　　　姓名　　　　学号

第 10 章　装配图

10.1　根据千斤顶的装配示意图和零件图，拼画装配图。

1. 千斤顶的功用和工作原理

千斤顶是用来顶起重物的部件（见装配示意图）。它是依靠底座 1 上的内螺纹和起重螺杆 2 上的外螺纹构成的螺纹副来工作的。在起重螺杆的顶端安装有顶盖 5，并用螺钉 4 加以固定，用以放置重物。在起重螺杆的上部有两个垂直正交的径向孔，孔中插有绞杠 3。

千斤顶工作时，逆时针转动绞杠 3，起重螺杆 2 就向上移动，并将重物顶起；顺时针转动绞杠 3，螺杆下降复位。螺杆的最大行程，就是重物向上移动的最大距离。

2. 作业要求

根据千斤顶的装配示意图和各零件的零件图，画出千斤顶的装配图。

3. 装配示意图

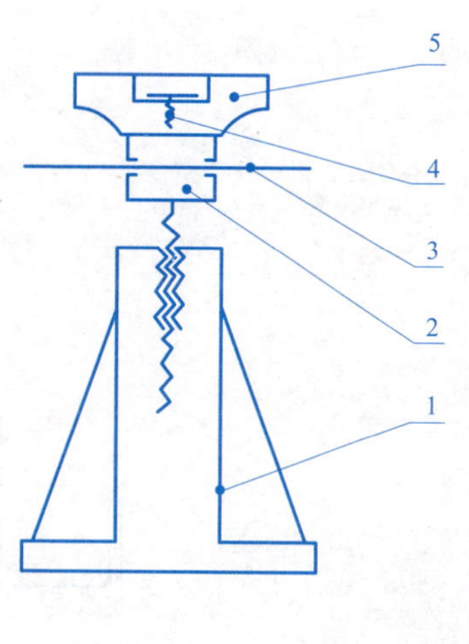

4. 明细栏

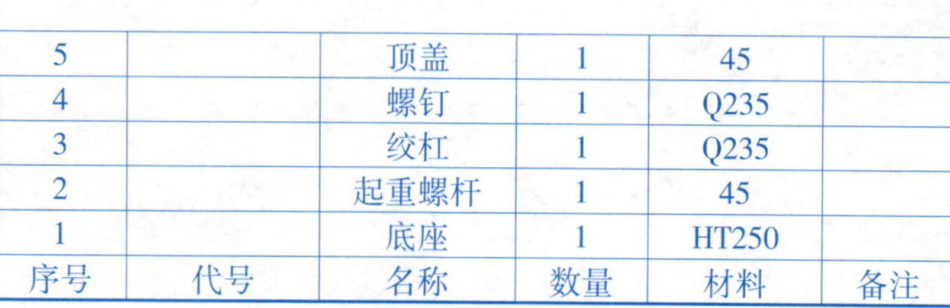

序号	代号	名称	数量	材料	备注
5		顶盖	1	45	
4		螺钉	1	Q235	
3		绞杠	1	Q235	
2		起重螺杆	1	45	
1		底座	1	HT250	

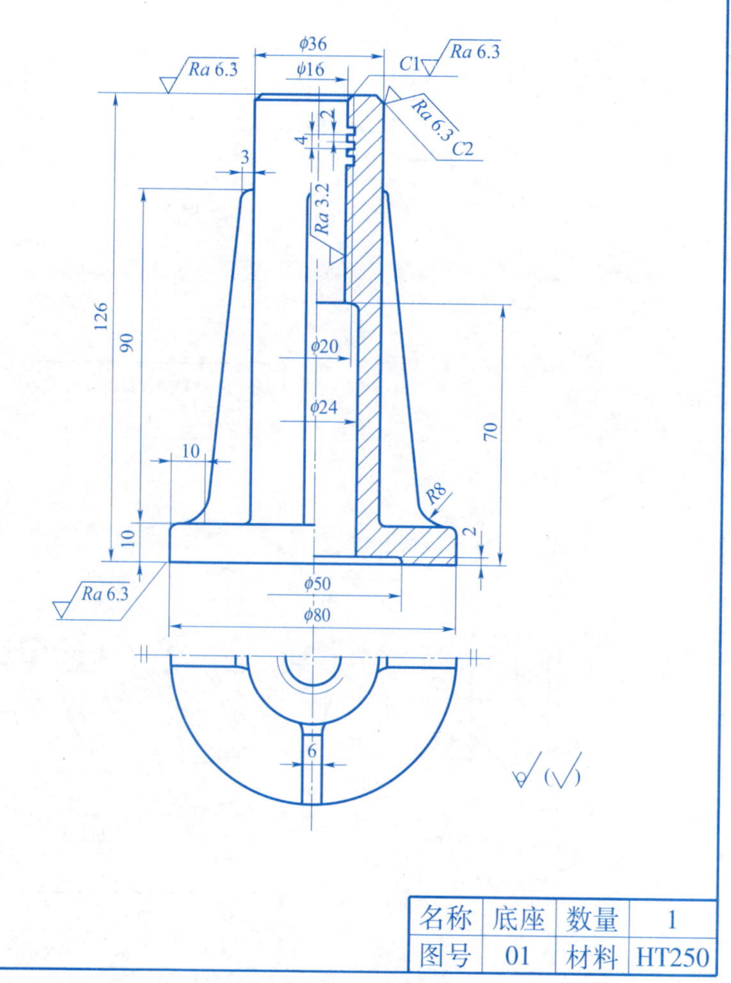

班级　　　　　　　　姓名　　　　　　　　学号

10.1 根据千斤顶的装配示意图和零件图，拼画装配图（附页）

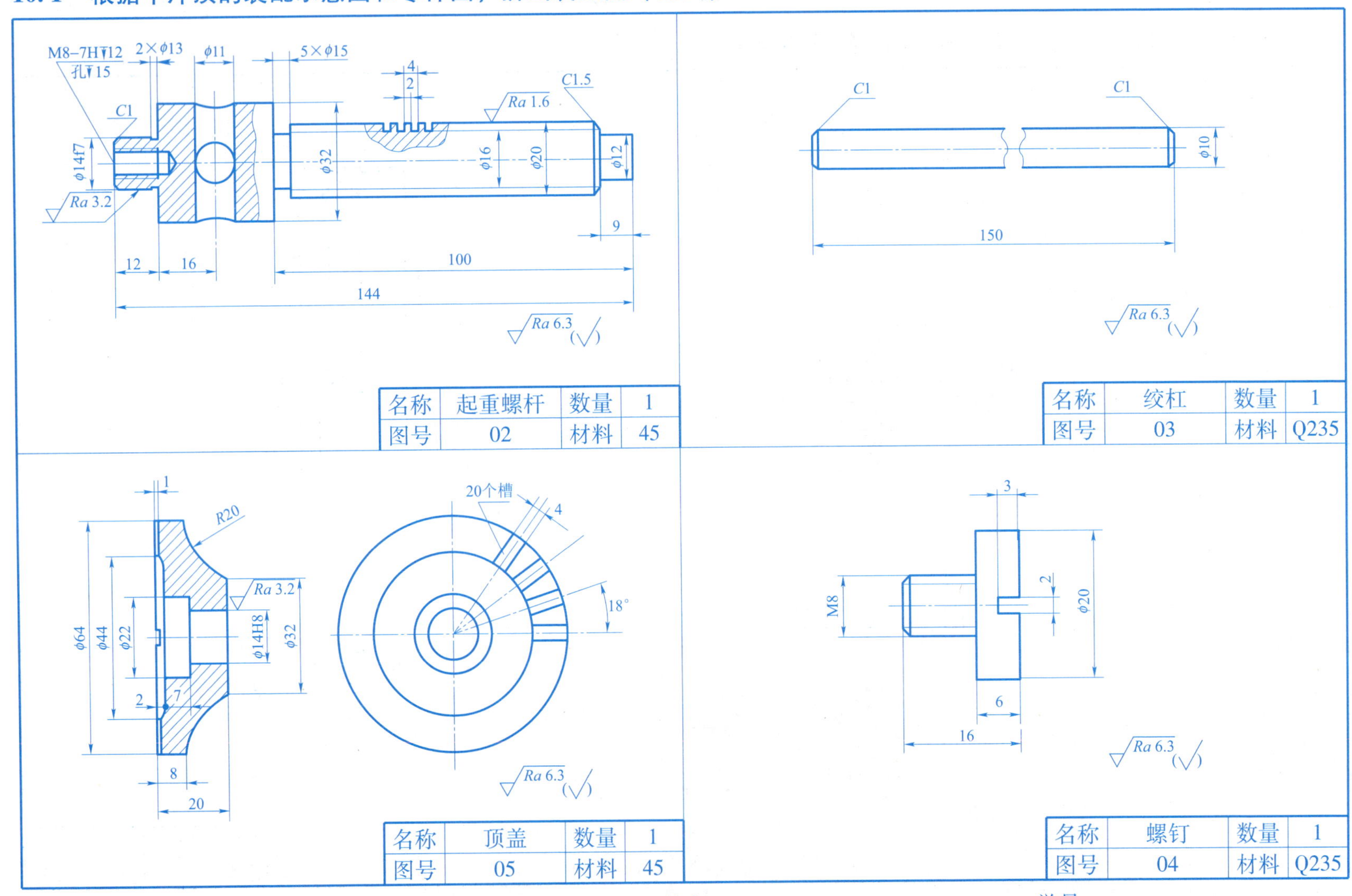

名称	起重螺杆	数量	1
图号	02	材料	45

名称	绞杠	数量	1
图号	03	材料	Q235

名称	顶盖	数量	1
图号	05	材料	45

名称	螺钉	数量	1
图号	04	材料	Q235

班级 姓名 学号

10.2 读拆卸器装配图

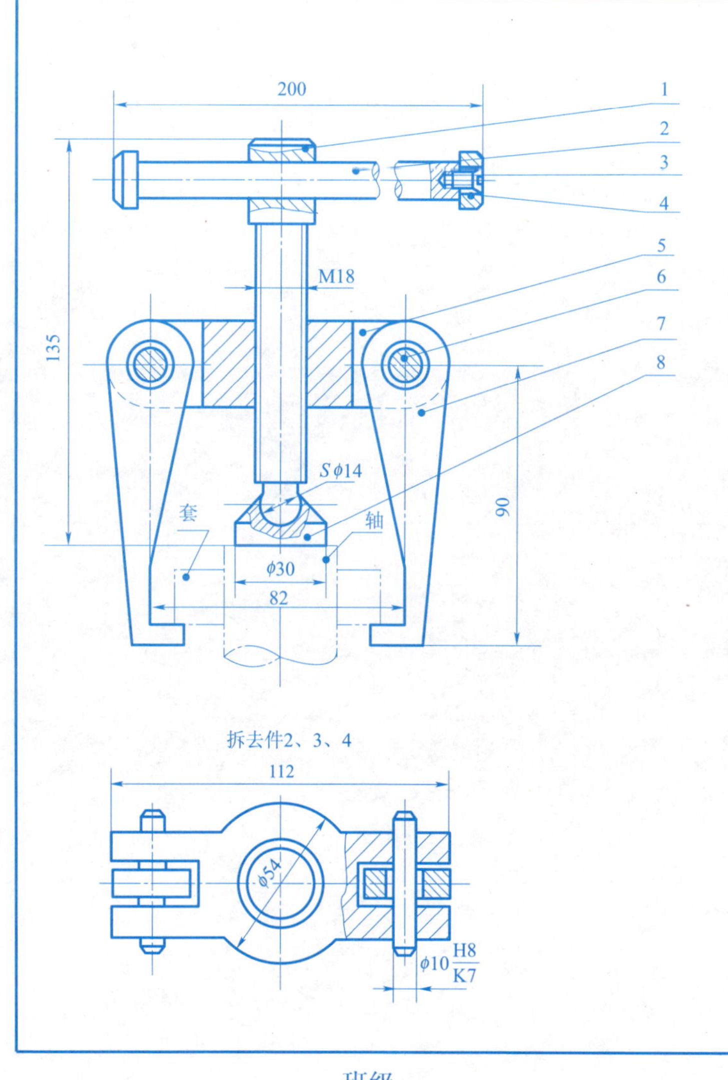

1. 该拆卸器是由________种共________个零件组成；
2. 主视图采用了________剖和________剖，剖切平面与俯视图中________的重合，故省略了标注，俯视图采用了________剖；
3. 图中细双点画线表示________，是________画法；
4. 图中件 2 是________画法；
5. 图中有________个 10 m 6×60 的销，其中 10 表示________，60 表示________；
6. Sϕ14 表示________形的结构；
7. 件 4 的作用是________________________；
8. 拆画零件 1 和 5 的零件图。

拆卸器工作原理：

拆卸器用来拆卸紧密配合的两个零件。工作时，把压紧垫 8 触至轴端，使抓子 7 勾住轴上要拆卸的轴承或套，顺时针转动把手 2，使压紧螺杆 1 转动，由于螺纹的作用，横梁 5 此时沿螺杆 1 上升，通过横梁两端的销轴，带着两个抓子 7 上升，直至将零件从轴上拆下。

8	压紧垫	1	45	
7	抓子	2	45	
6	销 10 m 6×60	2	35	GB/T 119.1—2000
5	横梁	1	Q235-A	
4	挡圈	1	Q235-A	
3	螺钉 M5×8	1	4.8 级	GB/T 68—2000
2	把手	1	Q235-A	
1	压紧螺杆	1	45	
序号	名称	数量	材料	备注

拆卸器		比例		共 张
		质量		第 张
制图	（姓名）	（日期）		
设计				
审核				

班级　　　　　　　　姓名　　　　　　　　学号

10.3 读钻模装配图

解答问题：

1. 该钻模是由________种共________个零件组成；
2. 主视图采用了________剖和________剖，剖切平面与俯视图中的________重合，故省略了标注，左视图采用了________剖视；
3. 零件 1 底座的侧面有________个弧形槽，与被钻孔工件定位的尺寸为________；
4. 钻模板 2 上有________个 ϕ16H7/h6 孔，件号 3 的主要作用是________。图中细双点画线表示________，是________画法；
5. ϕ32H7/k6 是件号________和件号________的配合尺寸，属于________制的配合，H7 表示________的公差带代号，k 表示件号________的________代号，7 和 6 代表________；
6. 三个孔钻完后，先松开________，再取出________，工件便可以拆下；
7. 与件号 1 相邻的零件有________（只写出件号）；
8. 钻模的外形尺寸：长________、宽________、高________；
9. 拆画件号 4（轴）的零件图。

轴的零件图：

班级　　　　姓名　　　　学号

10.3　读钻模装配图（附页）

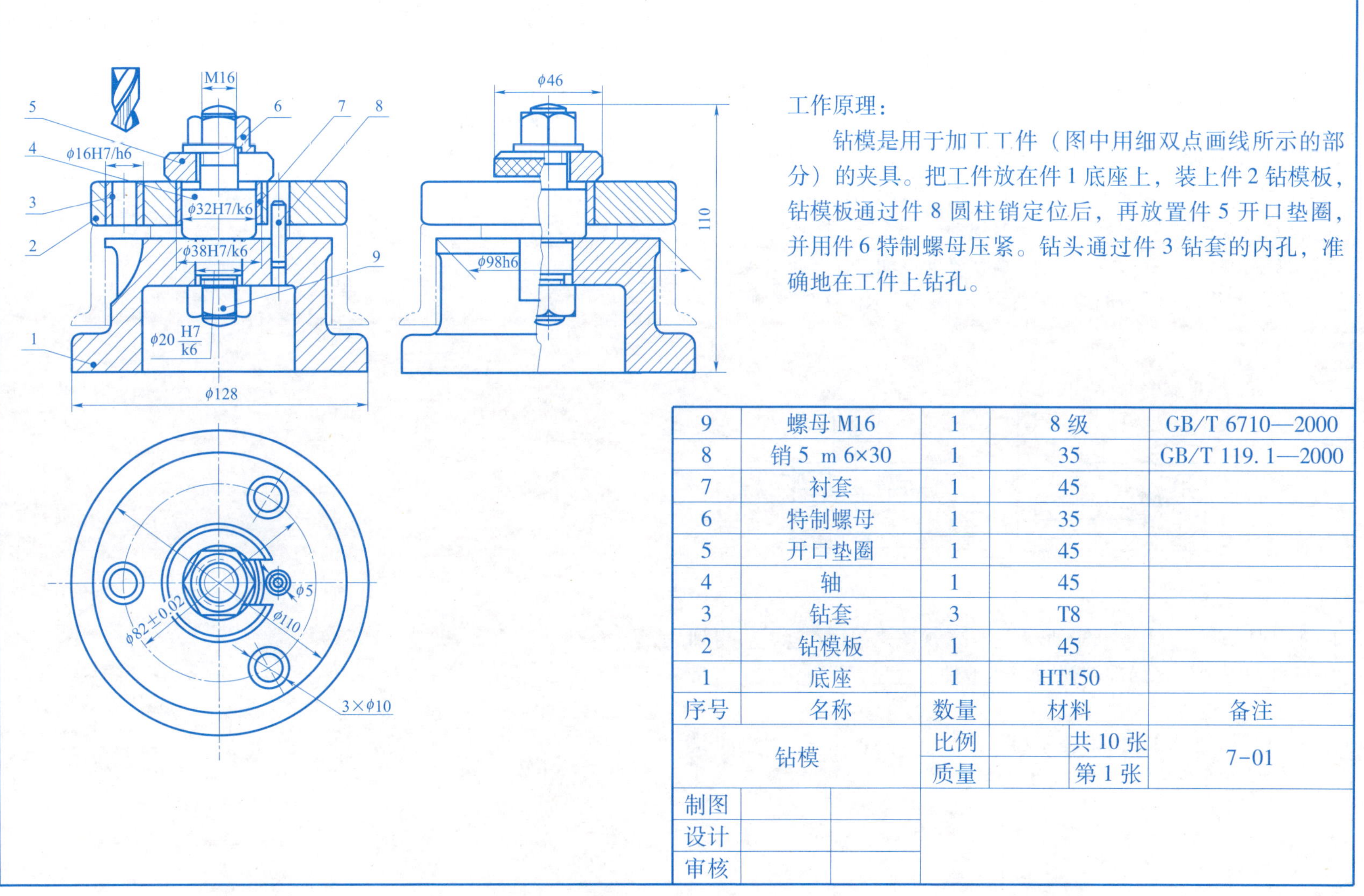

工作原理：

钻模是用于加工工件（图中用细双点画线所示的部分）的夹具。把工件放在件 1 底座上，装上件 2 钻模板，钻模板通过件 8 圆柱销定位后，再放置件 5 开口垫圈，并用件 6 特制螺母压紧。钻头通过件 3 钻套的内孔，准确地在工件上钻孔。

序号	名称	数量	材料	备注
9	螺母 M16	1	8 级	GB/T 6710—2000
8	销 5 m 6×30	1	35	GB/T 119.1—2000
7	衬套	1	45	
6	特制螺母	1	35	
5	开口垫圈	1	45	
4	轴	1	45	
3	钻套	3	T8	
2	钻模板	1	45	
1	底座	1	HT150	

钻模	比例		共 10 张	7-01
	质量		第 1 张	
制图				
设计				
审核				

班级　　　　姓名　　　　学号

10.4 读夹紧卡爪装配图

工作原理：

夹紧卡爪是组合夹具，在机床上是用来夹紧工件，它由八种零件组成（见装配示意图）。卡爪 8 底部与基体 2 凹槽相配合（配合性质为 24H7/g6）。螺杆 7 的外螺纹与卡爪的内螺纹旋合，而螺杆的缩颈被垫铁 3 卡住，使它只能在垫铁中转动。垫铁用两个螺钉 4 固定在基体的弧形槽内。为了防止卡爪脱出基体，用前后两块盖板 5、6 通过六个螺钉 1 连接基体。

当用扳手旋转螺杆 7 时，靠梯形螺纹传动，使卡爪在基体内左右移动，以便夹紧和松开工件（主视图右侧用细双点画线表示）。

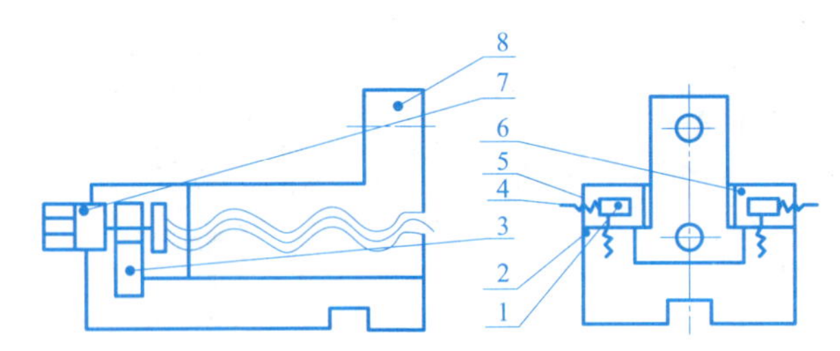

回答下列问题：

1. 本部件采用________个图形表达，左视图是采用________得到的剖视图。*B*-*B* 局部剖视图表达了件________与件________是________连接。
2. 左视图中的 24H7/g6 表示件________与件________之间是________制配合。
3. 件 8 是靠件________用________带动的，主视图中的细双点画线画法是________画法。
4. 垫铁的作用是____________________。
5. 拆画卡爪 8 的零件图。

卡爪 8 零件图：

班级　　　　　　　　姓名　　　　　　　　学号

10.4 读夹紧卡爪装配图（附页）

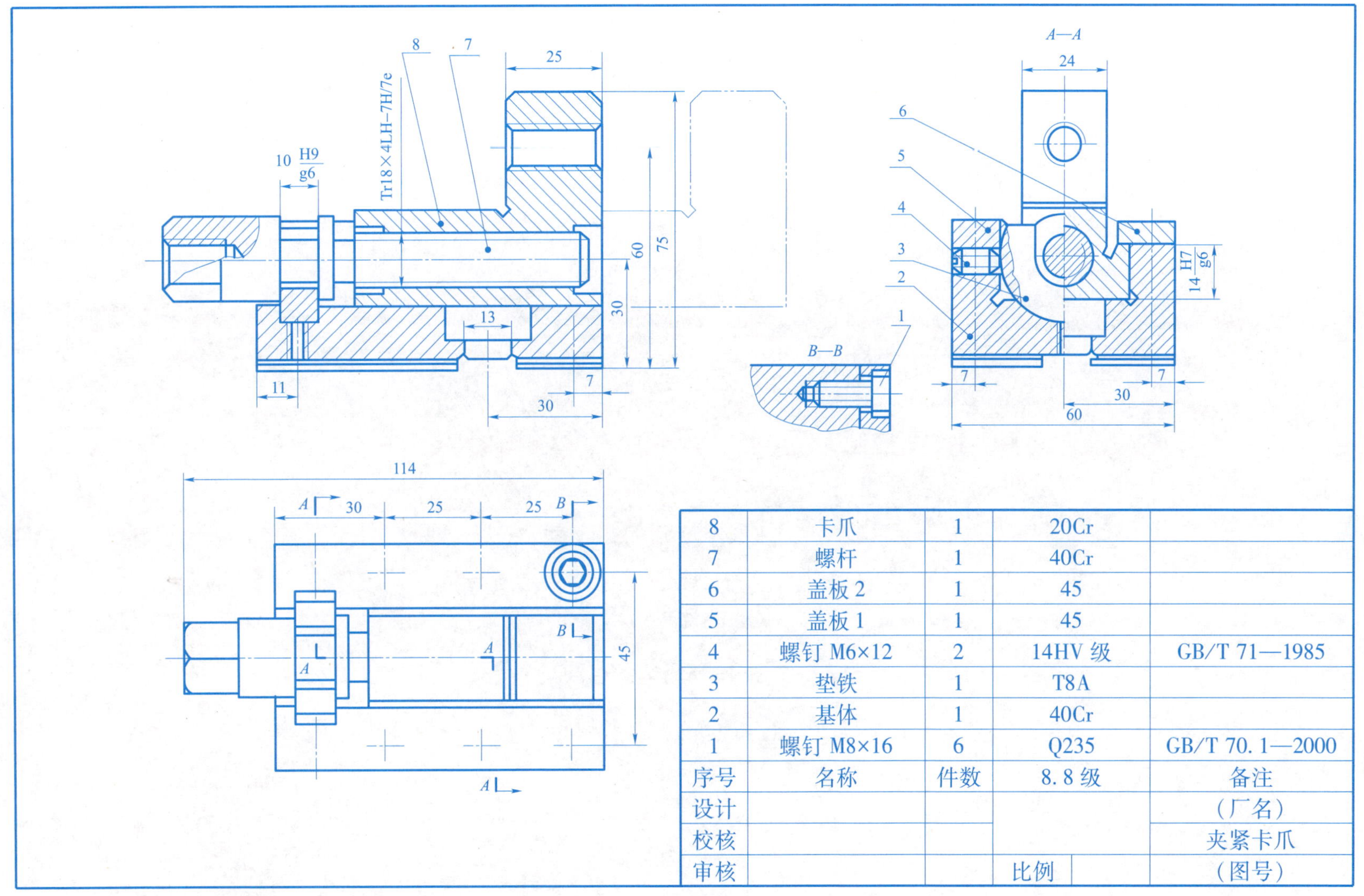

8	卡爪	1	20Cr	
7	螺杆	1	40Cr	
6	盖板 2	1	45	
5	盖板 1	1	45	
4	螺钉 M6×12	2	14HV 级	GB/T 71—1985
3	垫铁	1	T8A	
2	基体	1	40Cr	
1	螺钉 M8×16	6	Q235	GB/T 70. 1—2000
序号	名称	件数	8. 8 级	备注
设计				（厂名）
校核				夹紧卡爪
审核			比例	（图号）

班级　　　　姓名　　　　学号